企业级卓越人才培养解决方案"十三五"规划教材

基于工业互联网的 SSM 项目实战
——物料订单管理系统

天津滨海迅腾科技集团有限公司　主编

南开大学出版社
天　津

图书在版编目(CIP)数据

基于工业互联网的 SSM 项目实战：物料订单管理系统/天津滨海迅腾科技集团有限公司主编. —天津：南开大学出版社，2018.8(2023.8 重印)
ISBN 978-7-310-05619-4

Ⅰ.①基… Ⅱ.①天… Ⅲ.①自动分拣机－管理系统(软件)－程序设计②JAVA 语言－程序设计 Ⅳ.①TH691.5②TP312.8

中国版本图书馆 CIP 数据核字(2018)第 131870 号

主　编　李树真
副主编　吴晓楠　吴　蓓　翟亚峰

版权所有　侵权必究

基于工业互联网的 SSM 项目实践:物料订单管理系统
JIYU GONGYE HULIANWANG DE SSM XIANGMU SHIJIAN:WULIAO DINGDAN GUANLI XITONG

南开大学出版社出版发行
出版人：陈　敬
地址：天津市南开区卫津路 94 号　　邮政编码：300071
营销部电话：(022)23508339　营销部传真：(022)23508542
https://nkup.nankai.edu.cn

河北文曲印刷有限公司印刷　　全国各地新华书店经销
2018 年 8 月第 1 版　　2023 年 8 月第 5 次印刷
260×185 毫米　16 开本　15.75 印张　383 千字
定价:69.00 元

如遇图书印装质量问题,请与本社营销部联系调换,电话:(022)23508339

企业级卓越人才培养解决方案"十三五"规划教材编写委员会

指导专家： 周凤华　教育部职业技术教育中心研究所
　　　　　　李　伟　中国科学院计算技术研究所
　　　　　　张齐勋　北京大学
　　　　　　朱耀庭　南开大学
　　　　　　潘海生　天津大学
　　　　　　董永峰　河北工业大学
　　　　　　邓　蓓　天津中德应用技术大学
　　　　　　许世杰　中国职业技术教育网
　　　　　　郭红旗　天津软件行业协会
　　　　　　周　鹏　天津市工业和信息化委员会教育中心
　　　　　　邵荣强　天津滨海迅腾科技集团有限公司
主任委员： 王新强　天津中德应用技术大学
副主任委员： 张景强　天津职业大学
　　　　　　宋国庆　天津电子信息职业技术学院
　　　　　　闫　坤　天津机电职业技术学院
　　　　　　刘　胜　天津城市职业学院
　　　　　　郭社军　河北交通职业技术学院
　　　　　　刘少坤　河北工业职业技术学院
　　　　　　麻士琦　衡水职业技术学院
　　　　　　尹立云　宣化科技职业学院
　　　　　　廉新宇　唐山工业职业技术学院
　　　　　　张　捷　唐山科技职业技术学院
　　　　　　杜树宇　山东铝业职业学院
　　　　　　张　晖　山东药品食品职业学院
　　　　　　梁菊红　山东轻工职业学院
　　　　　　赵红军　山东工业职业学院
　　　　　　祝瑞玲　山东传媒职业学院
　　　　　　王建国　烟台黄金职业学院

陈章侠　德州职业技术学院
郑开阳　枣庄职业学院
张洪忠　临沂职业学院
常中华　青岛职业技术学院
刘月红　晋中职业技术学院
赵　娟　山西旅游职业学院
陈　炯　山西职业技术学院
陈怀玉　山西经贸职业学院
范文涵　山西财贸职业技术学院
郭长庚　许昌职业技术学院
许国强　湖南有色金属职业技术学院
孙　刚　南京信息职业技术学院
张雅珍　陕西工商职业学院
王国强　甘肃交通职业技术学院
周仲文　四川广播电视大学
杨志超　四川华新现代职业学院
董新民　安徽国际商务职业学院
谭维奇　安庆职业技术学院
张　燕　南开大学出版社

企业级卓越人才培养解决方案简介

企业级卓越人才培养解决方案（以下简称"解决方案"）是面向我国职业教育量身定制的应用型、技术技能型人才培养解决方案，以教育部-滨海迅腾科技集团产学合作协同育人项目为依托，依靠集团研发实力，联合国内职业教育领域相关政策研究机构、行业、企业、职业院校共同研究与实践的科研成果。本解决方案坚持"创新校企融合协同育人，推进校企合作模式改革"的宗旨，消化吸收德国"双元制"应用型人才培养模式，深入践行"基于工作过程"的技术技能型人才培养，设立工程实践创新培养的企业化培养解决方案。在服务国家战略，京津冀教育协同发展、中国制造2025（工业信息化）等领域培养不同层次的技术技能人才，为推进我国实现教育现代化发挥积极作用。

该解决方案由"初、中、高级工程师"三个阶段构成，包含技术技能人才培养方案、专业教程、课程标准、数字资源包（标准课程包、企业项目包）、考评体系、认证体系、教学管理体系、就业管理体系等于一体。采用校企融合、产学融合、师资融合的模式在高校内共建大数据学院、虚拟现实技术学院、电子商务学院、艺术设计学院、互联网学院、软件学院、智慧物流学院、智能制造学院、工程师培养基地的方式，开展"卓越工程师培养计划"，开设系列"卓越工程师班"，"将企业人才需求标准、工作流程、研发项目、考评体系、一线工程师、准职业人才培养体系、企业管理体系引进课堂"，充分发挥校企双方特长，推动校企、校际合作，促进区域优质资源共建共享，实现卓越人才培养目标，达到企业人才培养及招录的标准。本解决方案已在全国近几十所高校开始实施，目前已形成企业、高校、学生三方共赢格局。未来三年将在100所以上高校实施，实现每年培养学生规模达到五万人以上。

天津滨海迅腾科技集团有限公司创建于2008年，是以IT产业为主导的高科技企业集团。集团业务范围已覆盖信息化集成、软件研发、职业教育、电子商务、互联网服务、生物科技、健康产业、日化产业等。集团以产业为背景，与高校共同开展产教融合、校企合作，培养了一批批互联网行业应用型技术人才，并吸纳大批毕业生加入集团，打造了以博士、硕士、企业一线工程师为主导的科研团队。集团先后荣获：天津市"五一"劳动奖状先进集体，天津市政府授予"AAA"级劳动关系和谐企业，天津市"文明单位"，天津市"工人先锋号"，天津市"青年文明号""功勋企业""科技小巨人企业""高科技型领军企业"等近百项荣誉。

前　言

  时至今日，在以 Java 技术为后台的开发中，SSM（Spring、Spring MVC、MyBatis）框架成为了主要架构，它以其简洁的配置、良好的开放性以及灵活性，深受企业应用开发者的青睐，应用的性能、稳定性都有很好的保证。本书以 SSM 为焦点，从入门到实际工作要求讲述了 SSM 框架的技术应用。

  本书通过完成物料订单管理系统的各个模块，对 SSM 中 Spring MVC、MyBatis 框架进行详细讲解，在对各技能点进行讲解的过程中既有理论描述又有案例进行辅助讲解，可以更好地帮助读者学习和理解 SSM 框架技术的核心。本书共八章：第一章讲解 SSM 框架的产生及其发展；第二章讲解 MyBatis 框架的基本知识及框架搭建；第三章讲解 MyBatis 框架的高级知识及其应用；第四章讲解 Spring MVC 框架的基本知识及框架搭建；第五章讲解 SSM 框架的搭建及简单应用；第六章讲解 Spring MVC 框架中标签的应用并实现贯穿项目主要模块；第七章讲解 Spring MVC 框架中数据绑定、转化、格式化等高级知识及其应用并实现贯穿项目主要模块；第八章讲解在项目实际开发过程中所使用的实用技术并实现贯穿项目主要模块。

  本书以 SSM 框架技能点为导向，结合项目进行讲解，本书每章分为学习目标、学习路径、情境导入、任务技能、技能应用、任务总结等六个模块，其中任务技能为本章所学技能点，技能应用部分讲解项目中某一模块的实现流程。

  通过本书的学习，读者可以由浅入深地学习 SSM 框架整体技术，在掌握理论知识的同时通过大量案例以及贯穿项目的实现，使得读者对知识点的理解和掌握更加透彻，同时掌握整合框架的实际开发技术，为以后相关学习和工作打下坚实的基础。

  本书由李树真任主编，吴晓楠、吴蓓、翟亚峰任副主编，李树真负责全书的内容设计与编排。具体分工如下：第一章至第三章由吴蓓编写；第四章至第七章由翟亚峰、吴晓楠共同编写；第八章由翟亚峰编写。

  本书既可作为高等院校本、专科计算机相关专业的程序设计教材，也可作为 Java 技术的培训图书，适合广大编程爱好者阅读与使用。

天津滨海迅腾科技集团有限公司
技术研发部

目录

第一章 项目架构选型 ······ 1

学习目标 ······ 1
学习路径 ······ 1
情境导入 ······ 2
任务技能 ······ 2
 技能点1 物料订单管理系统业务需求 ······ 2
 技能点2 物料订单管理系统技术选型 ······ 16
技能应用 ······ 20
任务总结 ······ 21

第二章 项目持久化框架应用 ······ 22

学习目标 ······ 22
学习路径 ······ 22
情境导入 ······ 23
任务技能 ······ 23
 技能点1 MyBatis 基础介绍 ······ 23
 技能点2 MyBatis 详解 ······ 26
 技能点3 环境准备 ······ 37
 技能点4 MyBatis 开发流程 ······ 38
技能应用 ······ 44
任务总结 ······ 49

第三章 项目持久化框架高级应用 ······ 50

学习目标 ······ 50
学习路径 ······ 50
情境导入 ······ 51
任务技能 ······ 51
 技能点1 关联映射 ······ 51
 技能点2 动态 SQL ······ 71
 技能点3 MyBatis 注解 ······ 78
技能应用 ······ 84
任务总结 ······ 87

第四章 项目业务框架应用 ... 88

学习目标 ... 88
学习路径 ... 88
情境导入 ... 89
任务技能 ... 89
  技能点 1　Spring MVC 基础简介 ... 89
  技能点 2　Spring MVC 核心配置 ... 90
  技能点 3　Spring MVC 开发流程 ... 93
  技能点 4　Spring MVC 执行流程 ... 96
  技能点 5　Spring MVC 常用注解 ... 98
技能应用 ... 102
任务总结 ... 104

第五章 网络打印机与移动终端管理模块实现 ... 105

学习目标 ... 105
学习路径 ... 105
情境导入 ... 106
任务技能 ... 106
  技能点 1　整合步骤 ... 106
  技能点 2　整合案例 ... 115
  技能点 3　整合错误处理 ... 139
技能应用 ... 142
任务总结 ... 144

第六章 物料排序单参数配置模块实现 ... 145

学习目标 ... 145
学习路径 ... 145
情境导入 ... 146
任务技能 ... 146
  技能点 1　表单标签 ... 146
  技能点 2　转换数据 ... 170
技能应用 ... 177
任务总结 ... 182

第七章 物料排序单打印管理模块实现 ... 183

学习目标 ... 183
学习路径 ... 183
情境导入 ... 184
任务技能 ... 184

技能点1　数据绑定 ··· 184
　　　技能点2　数据转换 ··· 186
　　　技能点3　数据格式化 ··· 192
　　　技能点4　数据校验 ··· 200
　技能应用 ·· 206
　任务总结 ·· 212

第八章　物料排序单打印和下发功能实现 ······························· 213
　学习目标 ·· 213
　学习路径 ·· 213
　情境导入 ·· 214
　任务技能 ·· 214
　　　技能点1　文件上传与下载 ··· 214
　　　技能点2　单点登录 ··· 222
　　　技能点3　Socket ··· 231
　技能应用 ·· 236
　任务总结 ·· 239

第一章 项目架构选型

通过对物料订单管理系统业务需求及框架选型的学习,了解物料订单管理系统开发需求,熟悉物料订单管理系统的结构及各模块的功能需求,具有独立分析业务需求并选择适用框架的能力,在本章学习过程中:

- 了解物料订单管理系统的业务需求。
- 熟悉 SSM 框架的相关知识。
- 掌握物料订单管理系统各模块的功能结构。
- 具有独立设计物料订单管理系统原型界面的能力。

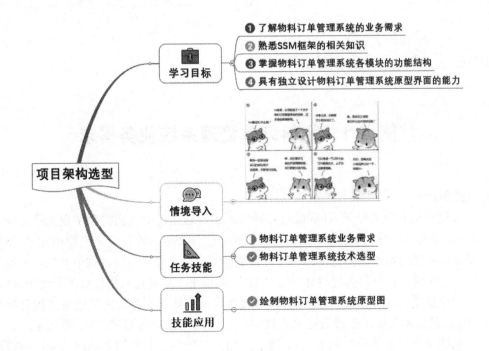

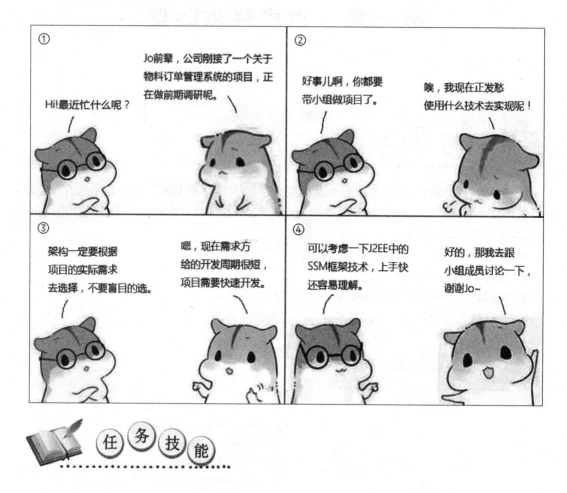

技能点 1　物料订单管理系统业务需求

1. 系统概述

在计算机日益普及的今天,计算机对各种资源的管理无疑给人们提供了很大的方便。对于企业而言,随着其规模的扩大,如果对其核心业务部分采用一种智能化的管理方式,不仅能减少工作中不必要的错误,提高管理效率,而且能够避免企业日常运行过程中产生不必要的资源浪费。本书中所实现项目为物料订单管理系统,适用于工业制造及销售类工厂使用,针对企业生产中产生的物料和物料订单进行管理,并使用网络打印机和移动终端设备实现订单打印及下发功能,避免人工操作造成数据录入错误或物料数量计算遗漏等问题,提高工厂工作效率。在该系统中有严格的用户权限关系,每一名用户只能够访问所属角色的功能权限范围内的模块,大大的提高了系统安全性。

2. 系统结构及功能

(1) 系统结构

物料订单管理系统分为用户管理、角色管理、移动终端管理、网络打印机管理、物料排序单参数配置、物料排序单打印管理和单个物料订单打印 7 个模块。用户可通过上述模块对用户、角色、移动终端、网络打印机进行管理,在系统的主要模块物料排序单打印管理中对物料订单进行管理,包括实现订单的下发及打印功能。具体结构如图 1-1 所示。

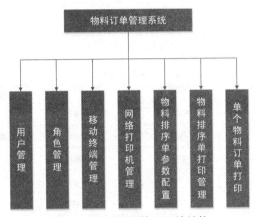

图 1-1　物料订单管理系统结构

(2) 系统功能

物料订单管理系统中各模块都是该系统中不可或缺的一部分,这些模块为系统中的必要信息提供了基本的管理功能,例如用户信息、角色信息、移动终端信息和网络打印机信息等,这些基本的模块信息为物料排序单打印管理模块提供基本数据及功能支持。作为系统主要模块的物料排序单打印管理,可以对用户生成的订单进行显示,并调用系统中配置的网络打印机和移动终端对订单进行打印和下发。物料订单管理系统的功能结构如图 1-2 所示。

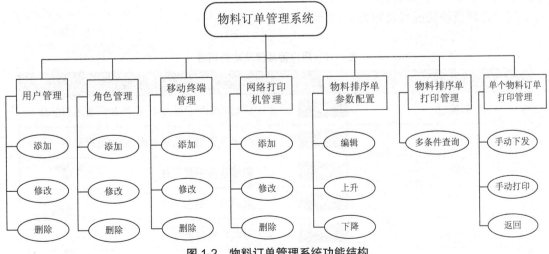

图 1-2　物料订单管理系统功能结构

3. 系统功能需求

（1）用户管理模块

用户管理模块右上方显示当前登录用户名称，主要部分显示所有用户的基本信息，包括用户ID、用户名称、真实姓名、所属角色、备注等，在该模块中可以对所有使用该系统的用户信息进行添加、修改、删除等操作，并使用分页功能提高数据的可读性。

①用户管理模块原型设计

用户管理模块原型如图1-3所示。

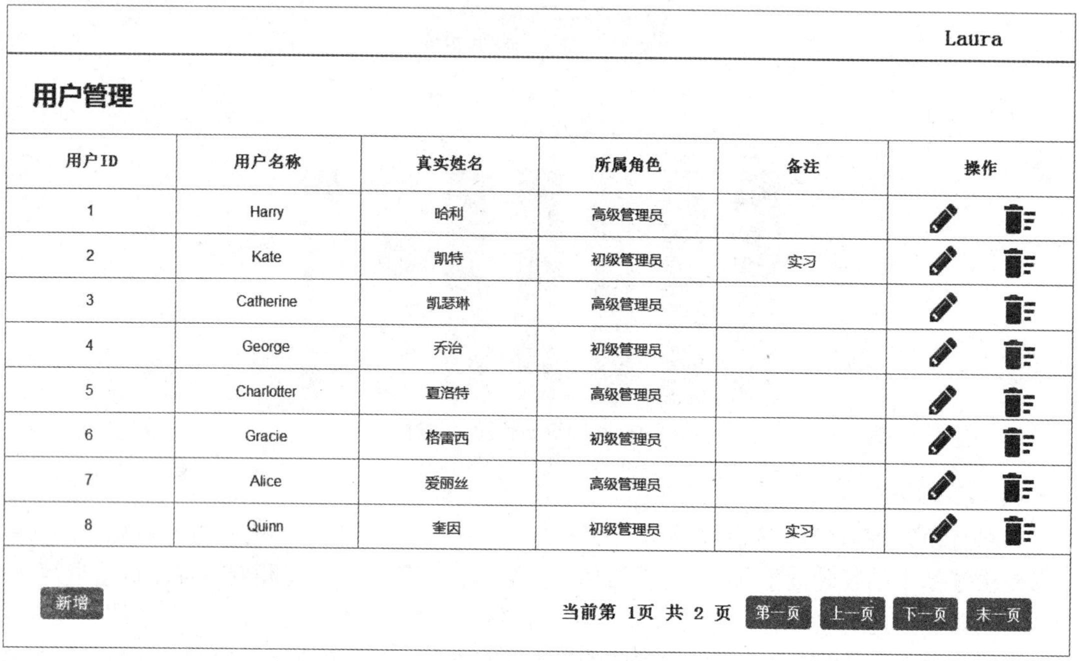

用户管理					Laura
用户ID	用户名称	真实姓名	所属角色	备注	操作
1	Harry	哈利	高级管理员		✏ 🗑
2	Kate	凯特	初级管理员	实习	✏ 🗑
3	Catherine	凯瑟琳	高级管理员		✏ 🗑
4	George	乔治	初级管理员		✏ 🗑
5	Charlotter	夏洛特	高级管理员		✏ 🗑
6	Gracie	格雷西	初级管理员		✏ 🗑
7	Alice	爱丽丝	高级管理员		✏ 🗑
8	Quinn	奎因	初级管理员	实习	✏ 🗑
新增			当前第1页 共2页	第一页 上一页	下一页 末一页

图1-3 用户管理模块原型图

②用户管理模块功能列表

用户管理模块功能列表如表1-1所示。

表1-1 用户管理模块功能列表

功能名称	样式	实现功能
新增	按钮	弹出添加用户信息页面，增加一条用户信息
编辑	按钮	弹出编辑用户信息页面，修改用户信息
删除	按钮	删除该条用户信息
上一页	按钮	页面跳转至上一页
下一页	按钮	页面跳转至下一页

功能名称	样式	实现功能
第一页	按钮	页面跳转至第一页
末一页	按钮	页面跳转至末页

③数据库表结构

用户管理模块使用数据库中 user 表及 role 表进行信息的获取及修改，其中 user 表中的 role 字段为外键，用来显示用户所属角色的角色名称。user 表及 role 表的物理结构如表 1-2 和表 1-3 所示。

表 1-2 user 表

序号	名称	数据类型	允许空值	是否主键	备注
1	id	int	否	是	用户 ID
2	username	varchar(50)	是	否	用户名
3	password	varchar(50)	是	否	密码
4	remarks	text	是	否	备注
5	role	varchar(50)	是	否	角色
6	realname	varchar(50)	是	否	真实姓名

表 1-3 role 表

序号	名称	数据类型	允许空值	是否主键	备注
1	id	int	否	是	角色 ID
2	name	varchar(50)	是	否	角色名称
3	permission	varchar(128)	是	否	权限范围
4	inserttime	date	是	否	插入时间
5	remarks	varchar(255)	是	否	备注

（2）角色管理模块

角色管理模块右上方显示当前登录用户名称，主要部分显示所有角色的基本信息，包括角色 ID、角色名称、插入时间、权限范围、备注等，在该模块中可以对角色信息进行添加、修改、删除等操作，并使用分页功能提高数据的可读性。

①角色管理模块原型设计

角色管理模块原型如图 1-4 所示。

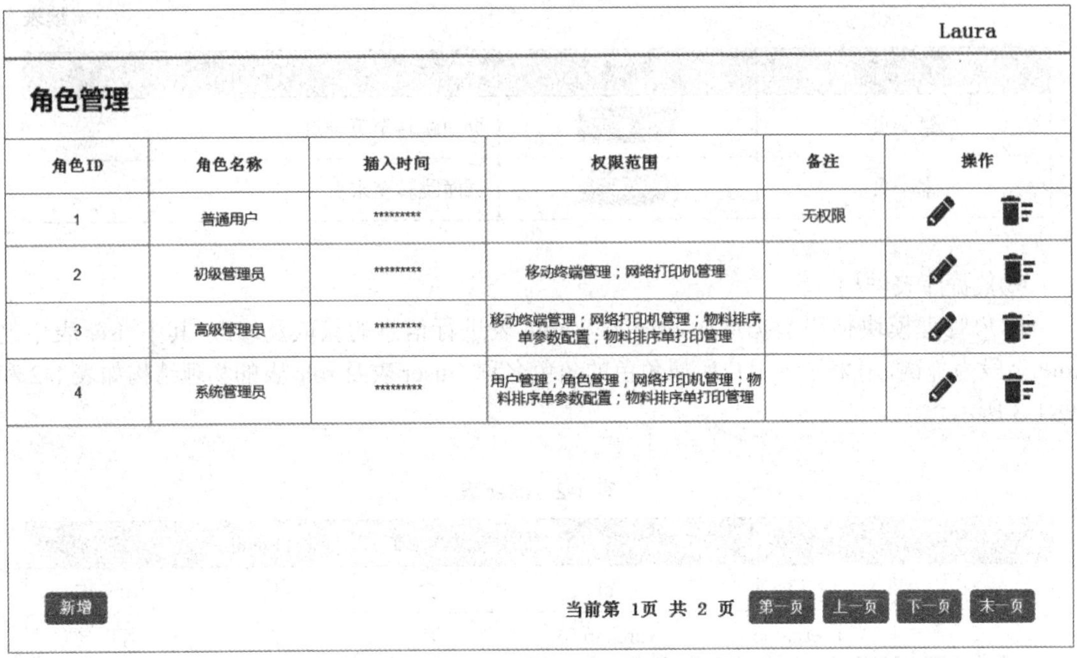

					Laura
角色管理					
角色 ID	角色名称	插入时间	权限范围	备注	操作
1	普通用户	********		无权限	✏️ 🗑️
2	初级管理员	********	移动终端管理；网络打印机管理		✏️ 🗑️
3	高级管理员	********	移动终端管理；网络打印机管理；物料排序单参数配置；物料排序单打印管理		✏️ 🗑️
4	系统管理员	********	用户管理；角色管理；网络打印机管理；物料排序单参数配置；物料排序单打印管理		✏️ 🗑️

新增　　　　　　　　　　　　　　　　　　　　当前第 1 页 共 2 页　第一页　上一页　下一页　末一页

图 1-4　角色管理模块原型图

②角色管理模块功能列表

角色管理模块功能列表如表 1-4 所示。

表 1-4　角色管理页面功能列表

功能名称	样式	实现功能
新增	按钮	弹出添加角色信息页面,增加一条角色信息
编辑	按钮	弹出编辑角色信息页面,修改被选中的角色信息
删除	按钮	删除该条角色信息
上一页	按钮	页面跳转至上一页
下一页	按钮	页面跳转至下一页
第一页	按钮	页面跳转至第一页
末一页	按钮	页面跳转至末页

③数据库表结构

角色管理模块使用数据库中 role 表、menu_role 表、menu 表进行信息的获取及修改,其中 role 表为角色信息表,menu_role 表为角色表与权限表的中间表,用来建立角色与权限的关联关系,menu 表存放菜单及其访问路径等基本信息,物理结构如表 1-5 至表 1-7 所示。

表 1-5 role 表

序号	名称	数据类型	允许空值	是否主键	备注
1	id	int	否	是	角色 ID
2	name	varchar(50)	是	否	角色名称
3	permission	varchar(128)	是	否	权限范围
4	inserttime	text	是	否	插入时间
5	remarks	varchar(255)	是	否	备注

表 1-6 menu_role 表

序号	名称	数据类型	允许空值	是否主键	备注
1	id	int	否	是	ID
2	role_id	int	是	否	角色 ID
3	menu_id	int	是	否	菜单 ID

表 1-7 menu 表

序号	名称	数据类型	允许空值	是否主键	备注
1	menu_id	int	否	是	菜单 ID
2	menu_name	varchar(255)	是	否	菜单名称
3	menu_url	varchar(255)	是	否	访问路径
4	menu_order	varchar(255)	是	否	备注
5	menu_icon	varchar(255)	是	否	图标

（3）移动终端管理模块

移动终端管理模块右上方显示当前登录用户名称，主要部分显示所有移动终端的基本信息，包括移动终端 ID、终端名称、终端 IP、插入时间、下发权限等，移动终端设备为系统外接设备，可接收物料排序单管理模块下发的物料订单，并提交处理结果。在该模块中可以对终端设备信息进行添加、修改、删除等操作，并使用分页功能提高数据的可读性。

①移动终端模块原型设计

移动终端管理模块原型如图 1-5 所示。

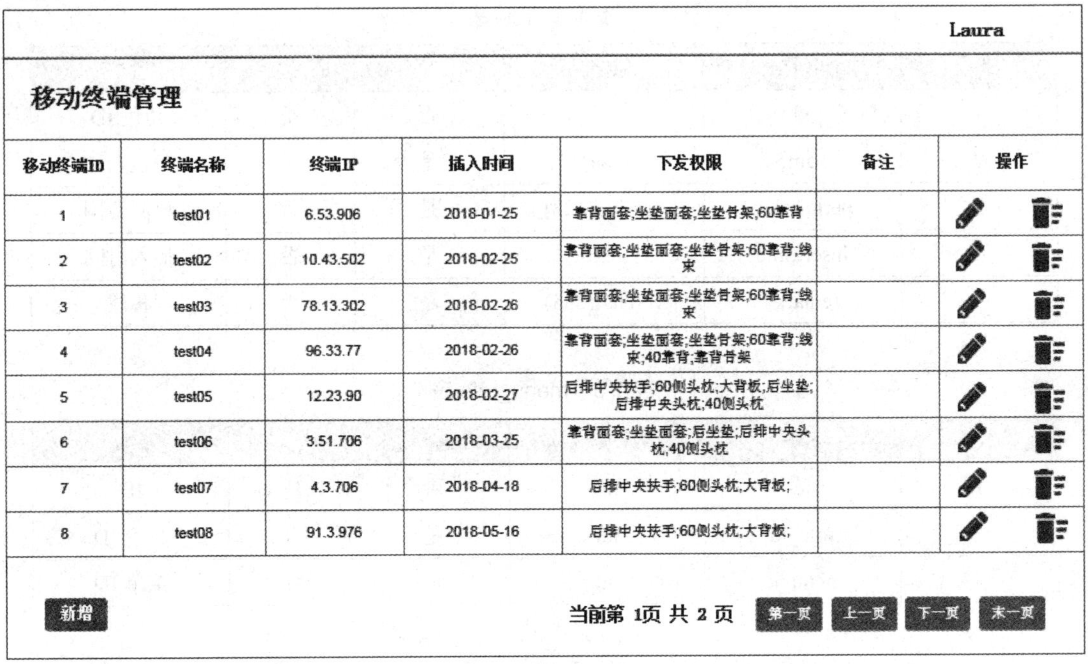

图 1-5 移动终端管理模块原型图

②移动终端管理模块功能列表

移动终端管理模块功能列表如表 1-8 所示。

表 1-8 移动终端管理模块功能列表

功能名称	样式	实现功能
新增	按钮	弹出添加移动终端信息页面，添加移动终端设备
编辑	按钮	弹出编辑移动终端信息页面，进行当前设备信息修改
删除	按钮	删除当前选中移动终端设备
上一页	按钮	页面跳转至上一页
下一页	按钮	页面跳转至下一页
第一页	按钮	页面跳转至第一页
末一页	按钮	页面跳转至末页

③数据库表结构

移动终端管理模块使用数据库中 terminal 表进行信息的获取及修改，terminal 表的物理结构如表 1-9 所示。

表 1-9　terminal 表

序号	名称	数据类型	允许空值	是否主键	备注
1	sid	int	否	是	移动终端 ID
2	sname	varchar(255)	是	否	移动终端名称
3	clientip	varchar(255)	是	否	移动终端 IP
4	saddtiem	datetime	是	否	插入时间
5	srole	longtext	是	否	下发权限
6	sremark	varchar(255)	是	否	备注

（4）网络打印机管理模块

网络打印机管理模块右上方显示当前登录用户名称，主要部分显示所有网络打印机的基本信息，包括打印机 ID、打印机名称、打印机 IP、插入时间、打印权限、备注等，网络打印机为系统外接设备，可打印物料订单管理模块中需要打印的订单。在该模块中可以对网络打印机的设备信息进行添加、修改、删除等操作，并使用分页功能提高数据的可读性。

①网络打印机管理模块原型设计

网络打印机管理模块原型如图 1-6 所示。

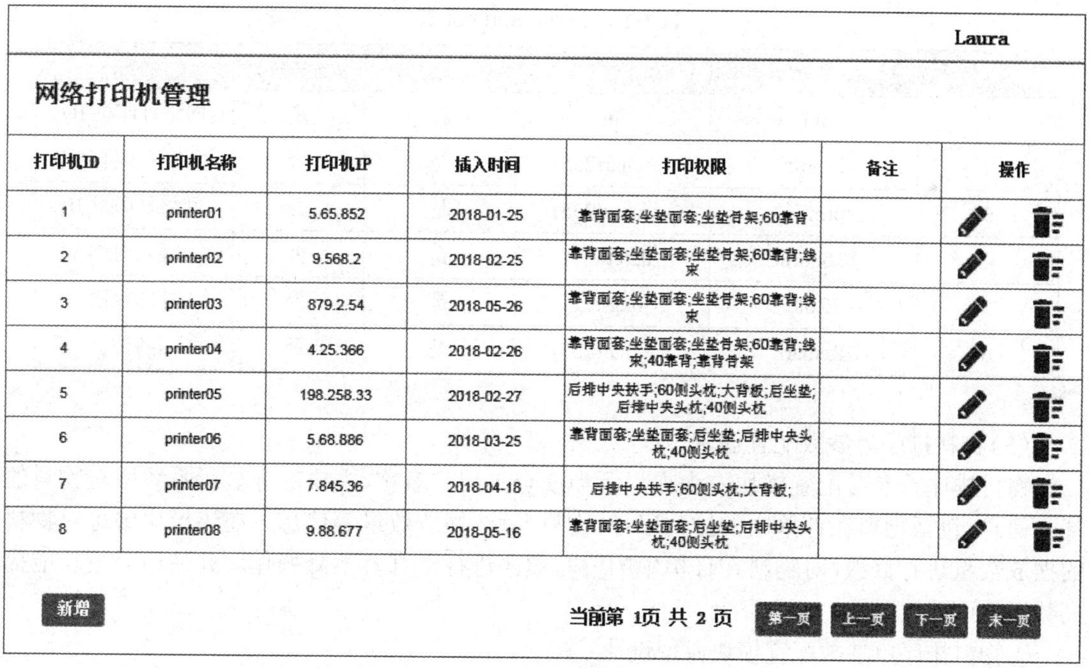

图 1-6　网络打印机管理模块原型图

②网络打印机管理模块功能列表

网络打印机管理模块功能列表如表 1-10 所示。

表 1-10　网络打印机管理模块功能列表

功能名称	样式	实现功能
新增	按钮	弹出添加网络打印机信息页面,添加网络打印机设备
编辑	按钮	弹出编辑网络打印机信息页面,修改当前网络打印机设备信息
删除	按钮	删除当前选中网络打印机设备
上一页	按钮	页面跳转至上一页
下一页	按钮	页面跳转至下一页
第一页	按钮	页面跳转至第一页
末一页	按钮	页面跳转至末页

③数据库表结构

网络打印机管理模块使用数据库中 internetprinter 表进行信息的获取及修改,internetprinter 表的物理结构如表 1-11 所示。

表 1-11　internetprinter 表

序号	名称	数据类型	允许空值	是否主键	备注
1	iid	int	否	是	网络打印机 ID
2	iName	varchar(255)	是	否	网络打印机名称
3	printIp	varchar(255)	是	否	网络打印机 IP
4	IAddtime	datetime	是	否	插入时间
5	IRole	longtext	是	否	打印权限
6	IRemark	varchar(255)	是	否	备注

(5)物料排序单参数配置模块

物料排序单参数配置模块右上方显示当前登录用户名称,主要部分显示系统所有物料的基本信息,包括物料在订单中的排列序号、物料名称、摆放数量等信息。在该模块中可对物料的摆放数量进行修改,对物料在订单中的编写顺序进行上升及下降操作。并使用分页功能提高数据的可读性。

①物料排序单参数配置模块原型设计

物料排序单参数配置模块原型如图 1-7 所示。

					Laura
物料排序单参数配置					
序号	物料名称	摆放数量	操作	顺序调整	
1	靠背面套	3	编辑	上升	下降
2	坐垫面套	5	编辑	上升	下降
3	坐垫骨架	6	编辑	上升	下降
4	60靠背	4	编辑	上升	下降
5	线束	1	编辑	上升	下降
6	40靠背	9	编辑	上升	下降
7	靠背骨架	1	编辑	上升	下降
8	后排中央扶手	2	编辑	上升	下降
9	60侧头枕	8	编辑	上升	下降
10	大背板	7	编辑	上升	下降
11	后坐垫	4	编辑	上升	下降
12	后排中央头枕	2	编辑	上升	下降
13	40侧头枕	2	编辑	上升	下降

图 1-7　物料排序单参数配置模块原型图

②物料排序单参数配置模块功能列表

物料排序单参数配置模块功能列表如表 1-12 所示。

表 1-12　物料排序单参数配置模块功能列表

功能名称	样式	实现功能
编辑	按钮	修改物料摆放数量
上升	按钮	该条物料信息上升
下降	按钮	该条物料信息下降

③数据库表结构

物料排序单参数配置模块使用数据中 parameter 表进行信息的获取及修改，parameter 表的物理结构如表 1-13 所示。

表 1-13　parameter 表

序号	名称	数据类型	允许空值	是否主键	备注
1	serialid	int	否	是	序列号 ID
2	name	varchar(50)	是	否	名称
3	number	int	是	否	数量

（6）物料排序单打印管理模块

物料排序单打印管理模块是该系统主要模块，页面默认显示为空，用户可通过车身号、开始时间和结束时间进行物料排序单的查询，主要部分显示查询到的物料排序单的基本信息，包括订单的序号、车型以及订单中各物料的零件号，用户可通过点击物料名称进入单个物料订单打印管理模块。该模块使用分页功能提高数据可读性。

①物料排序单打印管理模块原型设计

物料排序单打印管理模块原型如图1-8所示。

序号	车型	前排坐盆骨架		前排靠背骨架		前排线束		大背板		后排40%靠背面套	后排60%靠背面套	后排坐垫面套	后排中央扶手	后排40%侧头枕
		主驾	副驾	主驾	副驾	主驾	副驾	主驾	副驾					
1	Clean	6585	空	88842	空	56245	空	8422	7885	485522	721111	252255	空	74125
2	High	空	85785	空	45215	空	45215	空	7852	空	74525	空	4856	53245
3	Clean	8875	空	空	6985	空	6785	空	8585	22521	空	78222	25314	空
4	High	空	空	空	5525	空	96525	空	96525	空	578521	空	空	78544
5	printer05	空	788858	12036	空	12036	空	12036	空	14239	36522	879625	空	空

图1-8 物料排序单打印管理模块原型图

②物料排序单打印管理模块功能列表

物料排序单打印管理模块功能列表如表1-14所示。

表1-14 物料排序单打印管理模块功能列表

名称	样式	功能
输入要查询的车身号	文本框	用于输入信息
输入开始时间	文本框	用于输入信息
输入结束时间	文本框	用于输入信息
查询	按钮	根据条件查询物料单信息
物料名称	按钮	跳转至该物料的订单打印管理模块

③数据库表结构

物料排序单打印管理模块信息较多,使用了 main_model 表、after_cushion 表、after_backrest_40 表、after_backrest_60 表和 part_number_info 表,共 5 个表。其中,after_cushion 表、after_backrest_40 表、after_backrest_60 表分别存放了后坐垫、后 40 靠背和后 60 靠背的物料信息,part_number_info 表中存放零件的基本信息,main_model 表中存放大部件的基本信息,该模块显示的订单信息为上述表的复杂查询。物理数据库信息如表 1-15 至表 1-19 所示。

表 1-15　main_model 表

序号	名称	数据类型	允许空值	是否主键	备注
1	id	int	否	是	ID
2	co_no	varchar(255)	是	否	车型编号
3	all_no	varchar(255)	是	否	车型
4	bom_pn	varchar(255)	是	否	零件号
5	part_no	varchar(255)	是	否	大部件号
6	bom_descch	varchar(255)	是	否	零件名
7	seat	varchar(255)	是	否	座位
8	co_starttime	date	是	否	开始日期
9	co_endtime	date	是	否	结束时间

表 1-16　after_cushion 表

序号	名称	数据类型	允许空值	是否主键	备注
1	id	int	否	是	ID
2	order_no	varchar(255)	是	否	大部件号
3	level	varchar(255)	是	否	等级
4	moc	varchar(255)	是	否	主副驾
5	bom_pn	varchar(255)	是	否	零件号
6	part_no	varchar(255)	是	否	大部件号
7	bom_pn_details	varchar(255)	是	否	零件号描述
8	co_starttime	date	是	否	开始日期
9	co_endtime	date	是	否	结束时间

表 1-17　after_backrest_40 表

序号	名称	数据类型	允许空值	是否主键	备注
1	id	int	否	是	ID
2	order_no	varchar(255)	是	否	订单号

续表

序号	名称	数据类型	允许空值	是否主键	备注
3	bom_pn_details	varchar(255)	是	否	零件号描述
4	bom_pn	varchar(255)	是	否	零件号
5	moc	varchar(255)	是	否	主副驾
6	part_no	varchar(255)	是	否	大部件号
7	level	varchar(255)	是	否	等级
8	co_starttime	date	是	否	开始日期
9	co_endtime	date	是	否	结束时间

表 1-18 after_backrest_60 表

序号	名称	数据类型	允许空值	是否主键	备注
1	id	int	否	是	ID
2	order_no	varchar(255)	是	否	订单号
3	bom_pn_details	varchar(255)	是	否	零件号描述
4	bom_pn	varchar(255)	是	否	零件号
5	moc	varchar(255)	是	否	主副驾
6	part_no	varchar(255)	是	否	大部件号
7	level	varchar(255)	是	否	等级
8	co_starttime	date	是	否	开始日期
9	co_endtime	date	是	否	结束时间

表 1-19 part_number_info 表

序号	名称	数据类型	允许空值	是否主键	备注
1	id	int	否	是	ID
2	order_no	varchar(255)	是	否	订单号
3	part_id	varchar(255)	是	否	大部件编号
4	bom_pn	varchar(255)	是	否	零件号
5	bom_id	varchar(255)	是	否	零件编号
6	bom_descch	varchar(255)	是	否	零件名
7	part_no	varchar(255)	是	否	大部件号
8	level	varchar(255)	是	否	等级
9	co_starttime	date	是	否	开始日期
10	co_endtime	date	是	否	结束时间

（7）单个物料订单打印管理

在物料排序单打印管理模块点击物料名称跳转至本模块，本模块显示被点击物料的订单，包括订单的序号、车身号、车型、零件号及数量信息，用户可在该模块调用外部网络打印机设备进行订单打印，也可将订单下发至移动终端设备中，并获取移动终端的返回值。该模块使用分页功能提高数据可读性。

①单个物料订单打印管理模块原型设计

单个物料订单打印管理模块原型如图1-9所示。

图1-9 单个物料订单打印管理模块原型图

②单个物料订单打印管理模块功能列表

单个物料订单打印管理模块功能列表如表1-20所示。

表1-20 单个物料订单打印管理模块功能列表

名称	样式	功能
返回	按钮	返回物料排序单打印管理模块
手动打印	按钮	调用网络打印机设备打印当前订单信息
手动下发	按钮	将当前订单信息下发至移动终端下发信息到对应终端
上一页	按钮	页面跳转至上一页
下一页	按钮	页面跳转至下一页

名称	样式	功能
第一页	按钮	页面跳转至第一页
末一页	按钮	页面跳转至末页

③数据库表结构

该模块数据获取与物料排序单打印管理模块一致，本模块所需显示参考表 1-15 至表 1-19。

技能点 2　物料订单管理系统技术选型

1. 框架选型

J2EE 应用技术发展到今天，由于其强大的跨平台性、可移植性、重用性、开源代码库以及易于维护等特点，在企业级项目开发中占有绝对优势。企业在开发真实的应用时主要注重两方面：可维护性和重用性。针对企业在应用开发中所遇到的分布式、重用性、移植性、安全性以及旧系统集成支持等问题，J2EE 提供了一套完整的可以解决这些问题的框架方案：通过使用 J2EE 提供的 Spring、Struts、Hibernate 以及 MyBatis 等轻量级框架进行项目开发。

J2EE 提供的两种整合框架形式分别为 SSH（Spring+Struts 2+Hibernate）和 SSM（Spring+Spring MVC+MyBatis），这两种框架的根本区别在于 ORM 持久层的实现方式不同，也就是 Hibernate 及 MyBatis 框架的不同，Hibernate 完成了对 JDBC 的封装，更符合面向对象思想，但面对存储过程和优化 SQL 等高级操作，就显得力不从心了，而 MyBatis 凭借其轻量级配置以及注解开发等强大优势受到越来越多开发人员的喜爱。

通过对物料订单管理系统的需求分析及设计，开发人员选择更加轻量级的 SSM 框架进行整合开发，通过使用 MyBatis 半自动等特性，更好的实现系统与数据库的交互，提高系统的使用效率。由此开发的物料订单管理系统对工厂的管理进行优化，大幅度缩短了主要业务流程的处理时间，提高了生产效率以及在市场中的竞争力。

2. 框架概述

SSM 框架是由 Spring、Spring MVC 和 MyBatis 三个开源框架整合而成的开发框架，符合 J2EE 轻量级框架开发规范。各框架在 SSM 项目中的作用如图 1-10 所示。

（1）Spring 框架技术

Spring 是由 Rod Johnson 创建的一个开源框架，他创建 Spring 的目的是为了解决软件开发复杂的问题。Spring 是一个轻量级控制反转 IoC（Inversion of Control）和面向切面 AOP（Aspect Oriented Programming）的容器框架。Spring 框架的核心技术就是 IoC 与 AOP。

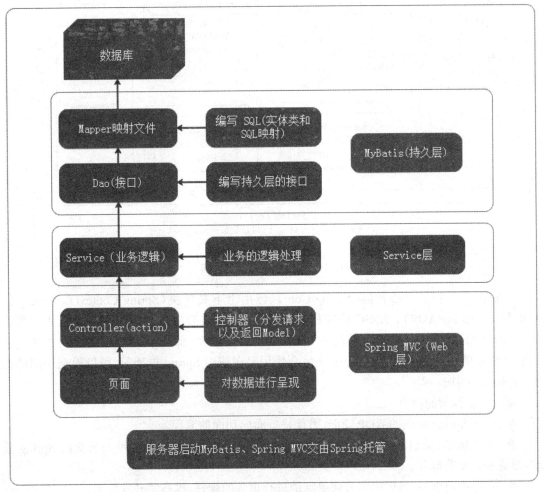

图 1-10　SSM 框架结构图

- 控制反转模式（IoC）

控制反转模式（依赖注入）指的是一种依赖关系的转移。IoC 的基本概念是：不创建对象，但是描述创建它们的方式。在代码中不直接与对象和服务连接，但在配置文件中描述哪一个组件需要哪一项服务。IoC 容器负责将这些联系在一起。简单来讲就是由容器代替代码来控制程序之间的关系。

- 面向切面编程（AOP）

AOP 基于 IoC，是 IoC 的补充性技术。AOP 将影响多个类的公共行为封装到一个可重用的模块中。AOP 将业务模块所共同调用的与业务无关的逻辑或责任（如日志记录）进行封装，有助于减少系统的冗余代码、降低各模块之间的耦合，并有利于对项目的操作和维护。

① Spring 的体系结构

Spring 框架由七个不同的模块组成，如图 1-11 所示。

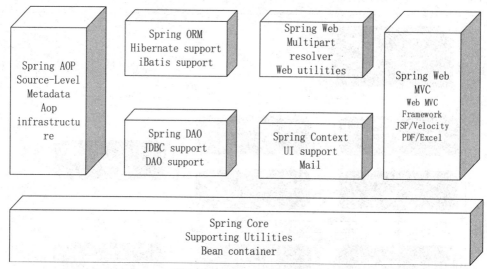

图 1-11 Spring 框架结构图

这些模块分别是核心容器（Spring Core）、应用上下文模块（Spring Context）、Spring 的 AOP 模块（Spring AOP）、JDBC 抽象和 DAO 模块（Spring DAO）、对象/关系映射集成模块（Spring ORM）、Spring 的 Web 模块和 Spring 的 MVC 框架（Spring MVC）。Spring 框架的任一模块都可单独使用，或者与其他模块组合使用。在使用 Spring 框架时，可以根据不同的需求，使用相应模块。

②Spring 框架的特点
- 通过 Spring 提供的 AOP 功能，方便进行面向切面的编程。
- 利于解耦，通过 Spring 提供的 IoC 容器，可以将对象之间的依赖关系交给 Spring 处理，避免了过度的耦合。
- 支持声明事务，通过声明方式灵活地进行事务的管理，提高了开发效率。
- Spring 不排斥集成其他框架，使用 Spring 框架可以降低其他框架的使用难度。

③Spring 框架的优势
- 提供了一个一致的编程模型。
- 使 J2EE 更加容易使用。
- 分层结构，不同的模块有不同的作用。
- 利于养成面向接口编程的习惯。
- 方便程序的测试。
- 支持集成各种主流的框架（如 MyBatis、Hibernate）。

（2）Spring MVC 框架技术

Spring MVC 是一种请求驱动类型的轻量级 Web 框架，是一个典型的 MVC 架构。而像 Struts 等都是变种或者不是完全基于 MVC 系统的架构。Spring MVC 和 Spring 框架的无缝集成也是其他框架所不具有的优势。Spring MVC 具有清晰的角色划分：

- 前端控制器（DispatcherServlet）。
- 请求到处理器映射（HandlerMapping）。
- 处理器适配器（HandlerAdapter）。

- 视图解析器（ViewResolver）。
- 处理器或页面控制器（Controller）。
- 验证器（Validator）。
- 命令对象（Command 请求参数绑定到的对象就叫命令对象）。
- 表单对象（Form Object 提供给表单展示和提交到的对象就叫表单对象）。

Spring MVC 模块是围绕 DispatcherServlet 而设计的。DispatcherServlet 给处理程序分派请求，执行视图解析，进行语言环境处理和主题解析，此外还为上传文件提供支持。

（3）MyBatis 框架技术

MyBatis 又被称为"不完全"ORM 框架。ORM（Object Relational Mapping），即对象关系映射。ORM 采用映射元数据来描述对象关系之间的映射，使得 ORM 能在任何一个应用的业务逻辑层和数据库层之间充当桥梁，将程序中的对象自动持久化到关系数据库中。ORM 工作示意图如图 1-12 所示。

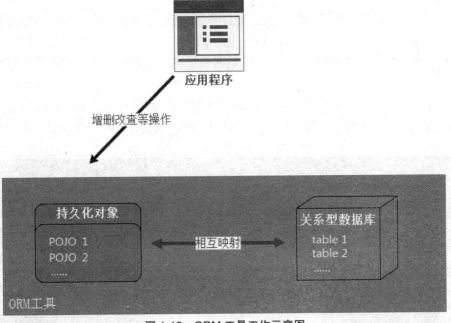

图 1-12 ORM 工具工作示意图

如图 1-12 所示，ORM 工具的唯一作用就是把对持久化对象的保存、修改、删除等操作转化成为对数据库数据的操作。由此可知，程序员可以以面向对象的方式操作持久化对象，而 ORM 框架则负责将相关的操作转化成为对应的 SQL（结构化查询语言）操作。

目前，ORM 框架的产品非常之多，除了各大公司、组织的产品外，其他一些小团队也在推出自己的 ORM 框架。目前流行的 ORM 框架有如下产品。

① MyBatis：一个支持自定义 SQL、存储过程和高级映射的持久层框架，功能强大，并且实现过程简单优雅，无需花费精力去处理如注册驱动、创建 Connection、创建 Statement、手动设置参数和结果集检索等繁杂的 JDBC 过程代码，同时 MyBatis 允许开发人员直接编写 SQL 语句。

② Hibernate：是目前流行的开源 ORM 框架，它对 JDBC 访问数据库做了封装，简化了数据访问层繁琐的重复性代码，但对于需要做存储过程或复杂查询的功能时，它的完全映射关系几乎用不上。

MyBatis 与 Hibernate 的根本区别：Hibernate 是一个完整的 ORM 框架，属于全自动 ORM 映射工具，使用 Hibernate 查询关联对象或关联集合对象时，可以根据对象关系模型直接获取，所以它是全自动的；MyBatis 在查询关联对象或关联集合对象时，需要手动编写 SQL 来完成，所以一般称 MyBatis 为半自动 ORM 映射工具或"不完全"ORM 框架。MyBatis 由于其半自动等特点，越来越多的中小层企业开始选择 Spring+Spring MVC+MyBatis 的搭配来构建系统架构。

在对物料订单管理系统业务需求的学习过程中，通过绘制原型图并利用原型图对页面的布局及页面功能进行了直观的分析，能够快速的掌握物料订单管理系统中功能架构及模块分配。接下来请参照图 1-13 和图 1-14 进行原型图的绘制并对物料订单管理系统的架构和功能进行分析。

提示：物料订单管理系统登录界面如图 1-13 所示，架构如图 1-14 所示，可使用 Axure RP8.0 原型设计工具进行设计，物料订单管理系统所有模块整理到同一个项目结构中。

图 1-13　登录页面原型图

图 1-14　原型设计结构图

物料订单管理系统使用 Maven 框架管理所需 jar 包,想了解如何在项目中使用 Maven 框架,请扫描下方二维码,还有更多程序员的趣味日常在等你!

任务总结

本章主要是对物料订单管理系统进行业务分析,包括系统整体结构分析、功能分析,各模块的界面原型设计、功能需求分析等,并对 J2EE 提供的 Spring、Spring MVC 和 MyBatis 框架进行了初步了解。

第二章 项目持久化框架应用

通过实现物料订单管理系统中的用户管理模块,了解 MyBatis 框架的结构体系,熟悉 My-Batis 配置文件的编写及开发流程,具有独立使用 MyBatis 框架开发应用程序的能力。在本章学习过程中:

- 了解 MyBatis 的开发环境。
- 熟悉 MyBatis 框架的结构体系。
- 掌握 MyBatis 框架全局配置文件及映射文件的编写。
- 具有使用 MyBatis 框架完成角色管理模块的能力。

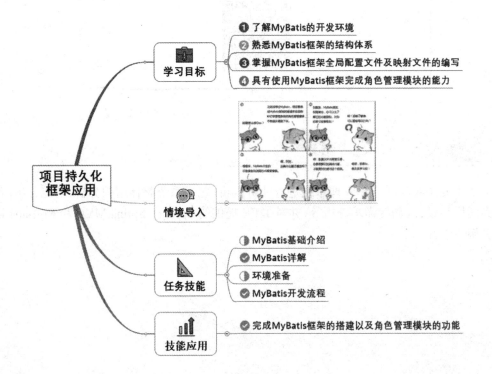

第二章　项目持久化框架应用

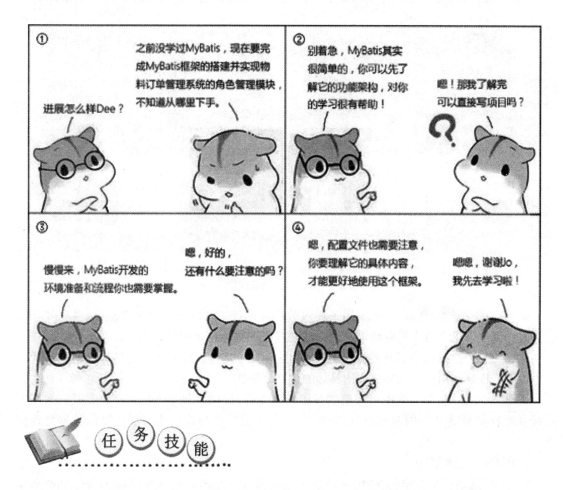

技能点 1　MyBatis 基础介绍

1. MyBatis 简介

MyBatis 的前身是 iBatis，2010 年由 apache softwarefoundation 迁移到了 Google code，并将名称修改为 MyBatis。MyBatis 是 ORM 模式众多框架中的一种，是一个优秀的持久层框架，用来处理面向对象与关系型数据库存在不匹配现象的技术，且因为 MyBatis 灵巧和易学习等优势，越来越多的企业级应用项目使用 MyBatis 框架进行开发。

2. MyBatis 功能架构

MyBatis 的功能架构分为接口层、数据处理层和基础支撑层，每一层都有其负责的功能，MyBatis 功能架构图如图 2-1 所示。

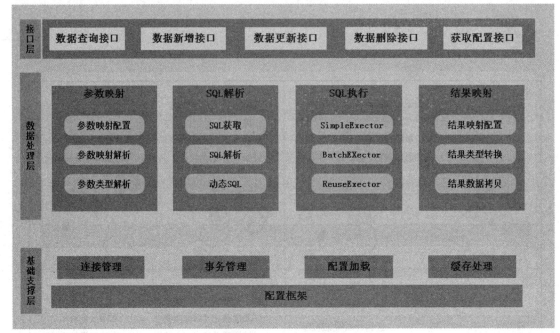

图 2-1　MyBatis 功能架构图

● 接口层：是 MyBatis 提供的用于操纵数据库的接口 API，例如 DAO 接口，当 API 接口层接收到调用请求之后会根据请求调用数据处理层来进行具体的数据处理。

● 数据处理层：负责具体的数据处理，包括 SQL 的解析、执行和执行结果映射处理等。它主要用于根据调用的请求完成一次具体的数据库操作。

● 基础支撑层：作为数据处理层的基础功能支撑，提供了包括连接管理、事务管理、配置加载和缓存处理等共用的基础功能，可以将这些功能提取为最基础的组件以供数据处理层使用。

3. MyBatis 结构体系

MyBatis 通过使用简单的 XML 或注解方式将执行的各种 Statement（Statement、PreparedStatement、CallableStatement）配置起来，并通过 Java 对象和 Statement 中的 SQL 进行映射生成最终执行的 SQL 语句，最后由 MyBatis 框架执行 SQL，将结果映射成 Java 对象并返回。具体流程如图 2-2 所示。

接下来对整个执行流程中的重点部分进行讲解。

（1）SqlSessionFactory

SqlSessionFactory 是 MyBatis 架构应用程序的入口，首先读取 MyBatis 框架核心配置文件，之后通过 SqlSessionFactoryBuilder 的 build() 方法创建 SqlSessionFactory 对象。整个过程比较简单，而框架内部的步骤是比较繁琐的，但 MyBatis 隐藏了这些细节。创建代码如示例代码 2-1 所示。

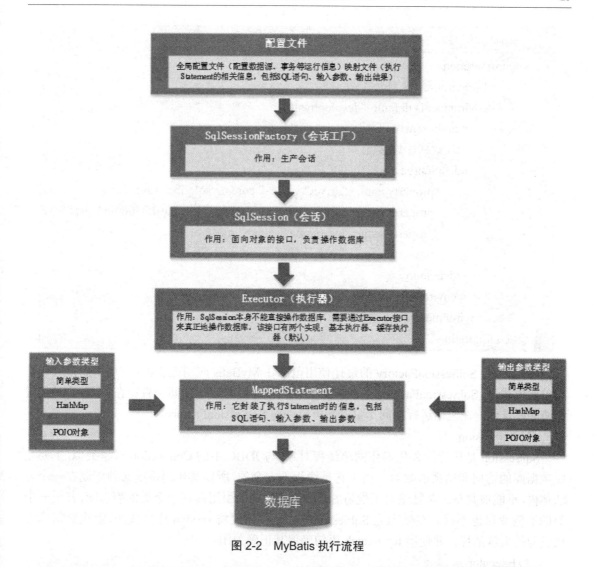

图 2-2 MyBatis 执行流程

示例代码 2-1

String resource = " mybatis-config.xml";
Reader reader = Resources.getResourceAsReader(resource);
sqlSessionFactoryBuilder = new SqlSessionFactoryBuilder();
sqlSessionFactory = sqlSessionFactoryBuilder.build(reader);

SqlSessionFactory 对象的一个必要属性是 Configuration，用于保存 MyBatis 的全局配置，在 Configuration 中需要配置 JDBC 的 DataSource 属性，DataSource 属性可以是任意的。如用户管理模块中的数据库连接池配置，具体配置如示例代码 2-2 所示。

示例代码 2-2

```xml
<configuration>
    <!--environments 环境配置 -->
    <environments default="development">
        <environment id="development">
            <!-- 数据库连接池 -->
            <dataSource type="POOLED">
                <property name="driver" value=" com.mysql.jdbc.Driver "/>
                <property name="url" value=" jdbc:mysql://localhost:3306/mybatis "/>
                <property name="username" value=" root "/>
                <property name="password" value=" root "/>
            </dataSource>
        </environment>
    </environments>
</configuration>
```

需要注意：SqlSessionFactory 的最佳使用范围在 MyBatis 应用范围内（使用单例模式或静态单例模式）。SqlSessionFactory 被创建后就应该在应用的运行期间一直存在，不需要对它进行清除或重建。在应用运行期间尽量避免重复创建 SqlSessionFactory。

（2）SqlSession

SqlSession 是执行持久化操作的单线程对象，与 JDBC 中的 Connection 对象类似，主要完成数据库的访问和结果的映射。由于它是线程不安全的，所以其作用范围必须限制在一个方法体内，不能被共享。并且绝对不能将 SqlSession 实例的引用放在一个类的静态域中，甚至一个类的实例变量也不行。在处理完 SqlSession 请求后，需要将 session 连接关闭，防止数据库连接资源的大量消耗。并使用 try…catch 语句确保其正确关闭。

（3）Executor

Executor（执行器）可以对底部数据进行封装，SqlSession 通过 Executor 来实现方法的调用。Executor 对象在创建 Configuration 对象的时候创建，主要功能是调用 StatementHandler 访问数据库，并且缓存在 Configuration 对象中。

技能点 2 MyBatis 详解

1. MyBatis 全局配置文件

学习 MyBatis 框架必须要掌握它的全局配置文件，全局配置文件的名称不固定，一般情况将它命名为 mybatis-config.xml。mybatis-config.xml 配置文件的内容和配置顺序如图 2-3 所示。

```xml
<?xml version="1.0" encoding="UTF-8"?>
<!DOCTYPE configuration PUBLIC "-//mybatis.org//DTD SQL Map Config 3.0//EN"
        "http://mybatis.org/dtd/mybatis-3-config.dtd">
<configuration>
    <!--属性配置-->
    <properties resource="属性文件名称"/>
    <!--配置别名-->
    <typeAliases>
        <typeAlias type="实体类全路径" alias="别名" />
    </typeAliases>
    <!--Mybatis的事务管理,注意配置的顺序,要在typeAliases之下进行配置-->
    <!--environments环境配置-->
    <environments default="默认环境ID">
        <environment id="每个environment元素指定ID">
            <!--使用JDBC事务管理-->
            <transactionManager type="事务管理器配置配置" />
            <!-- 数据库连接池-->
            <dataSource type="数据源配置">
                <property name="属性名称" value="属性值"/>
                <property name="属性名称" value="属性值"/>
                <property name="属性名称" value="属性值"/>
                <property name="属性名称" value="属性值"/>
            </dataSource>
        </environment>
    </environments>
    <!--Mapper映射文件配置-->
    <mappers>
        <!--通过resource引用映射文件-->
        <mapper resource="映射文件全限定名" />
    </mappers>
</configuration>
```

图 2-3　mybatis-config.xml 配置文件属性说明

由图可知，mybatis-config.xml 全局配置文件中所有配置均基于 \<configuration\>\</configuration\>，接下来对全局配置文件中可配置属性进行详细讲解。

（1）properties——属性

properties 可以把一些通用的属性值配置在属性文件中并加载到 MyBatis 运行环境内。例如，可以将数据连接单独配置在 db.properties 属性文件中，在全局配置文件中加载属性文件，这样就避免在全局配置文件中对数据库连接参数进行硬编码。在本章的框架应用中，就使用该种形式进行数据库连接。其中数据库参数配置 db.properties 中代码如示例代码 2-3 所示。

示例代码 2-3

jdbc.driver=com.mysql.jdbc.Driver　　// 连接数据库驱动

jdbc.url=jdbc:mysql://localhost:3306/mybatis　　// 连接数据库 url

jdbc.username=root　　// 连接数据库用户名

jdbc.password=root　　// 连接数据库密码

使用 properties 属性加载外部属性文件时，mybatis-config.xml 配置文件代码如示例代码 2-4 所示。

示例代码 2-4

\<!-- 加载数据库文件 db.properties-->

\<properties resource="db.properties"\>\</properties\>

（2）typeAliases——别名

在 Mapper 映射文件中，可以定义很多的 Statement，如果每一个 Statement 都在指定类型时输入类型全路径，则不方便进行开发，所以针对 parameterType 指定输入参数的类型或 resultType 指定输出结果的映射类型可定义一些别名，通过别名定义，可以更方便开发。MyBatis 默认支持的别名如表 2-1 所示。

表 2-1　MyBatis 默认支持的别名

别名	映射的类型	别名	映射的类型
_byte	byte	byte	Byte
_long	long	long	Long
_short	short	short	Short
_int	int	int	Integer
_integer	int	integer	Integer
_double	double	double	Double
_float	float	float	Float
_boolean	boolean	boolean	Boolean
string	String	date	Date
bigdecimal	BigDecimal	decimal	BigDecimal

除了框架本身提供的类型别名，开发过程中也可以根据自身的需求进行别名的定义，并在 Mapper 映射文件中引用。别名的定义代码如示例代码 2-5 所示。

示例代码 2-5

```xml
<!-- 别名定义：针对单个别名定义 type: 被映射类型；alias: 别名 -->
<typeAliases>
    <typeAlias type="com.mybatis.entity.User" alias="User"/>
</typeAliases>
```

（3）environments——环境

MyBatis 可以配置多个环境。这可以帮助 SQL 映射对应多种数据库，在 environments 属性中可配置 MyBatis 的事务管理及数据源，如示例代码 2-6 所示。

示例代码 2-6

```xml
<!--environments 环境配置 -->
    <environments default="development">
        <environment id="development">
            <!-- 使用 JDBC 事务管理 -->
```

```xml
            <transactionManager type="JDBC" />
            <!-- 数据库连接池 -->
            <dataSource type="POOLED">
                <property name="driver" value="${jdbc.driver}"/>
                <property name="url" value="${jdbc.url}"/>
                <property name="username" value="${jdbc.username}"/>
                <property name="password" value="${jdbc.password}"/>
            </dataSource>
        </environment>
    </environments>
```

（4）mappers——映射器

在该元素内加载映射文件，也就是配置的映射文件，在这里需要显示声明加载。

①使用相对于类路径的资源引用 XML 文件，代码如示例代码 2-7 所示。

示例代码 2-7

```xml
<mappers>
            <!-- 通过 resource 引用 UserMapper.xml 映射文件 -->
            <mapper resource="com/mybatis/mapping/UserMapper.xml" />
</mappers>
```

②使用 Mapper 接口的全限定名，代码如示例代码 2-8 所示。

示例代码 2-8

```xml
<mappers>
        <mapper class="com.mybatis.config.UserMapper"/>
</mappers>
```

（5）settings——全局参数配置

settings 中配置 MyBatis 框架运行设置的一些运行参数，例如二级缓存、延迟加载等参数或者更改性能参数，例如最大线程数和最大请求数等。具体参数如表 2-2 所示。

注意：更改参数将会影响 MyBatis 的执行。

表 2-2 运行参数

设置	描述	验证值组	默认值
cacheEnabled	对在此配置文件下的所有 cache 进行全局开/关设置	true | false	TRUE
lazyLoadingEnabled	在全局范围内启用或禁用延迟加载	true | false	TRUE

设置	描述	验证值组	默认值
aggressiveLazyLoading	当设置为"true"的时候,懒加载的对象可能被任何懒属性全部加载。否则,每个属性都按需加载	true | false	TRUE
safeRowBoundsEnabled	允许使用嵌套的语句 RowBounds	true | false	FALSE
mapUnderscoreToCamelCase	从经典的数据库列名 A_COLUMN 启用自动映射到骆驼标识的经典的 Java 属性名 aColumn	true | false	FALSE
lazyLoadTriggerMethods	指定触发延迟加载的对象的方法	A method name list separated by commas	equals,-clone,hashCode,toString

对于 MyBatis 全局配置文件中不常用的配置项,例如 typeHandlers 和 objectFactory 配置项在此不进行详细介绍。

至此,mybatis-config.xml 全局配置文件中常用配置编写完成,mybatis-config.xml 具体配置如示例如代码 2-9 所示。

示例代码 2-9

```xml
<!DOCTYPE configuration
    PUBLIC "-//mybatis.org//DTD Config 3.0//EN"
    "http://mybatis.org/dtd/mybatis-3-config.dtd">
<configuration>
    <!-- 属性配置 -->
    <properties resource="db.properties"/>
    <!-- 配置别名 -->
    <typeAliases>
        <typeAlias type="com.mybatis.entity.User" alias="User"/>
    </typeAliases>
    <!--environments 环境配置 -->
    <environments default="development">
        <environment id="development">
            <!-- 使用 JDBC 事务管理 -->
            <transactionManager type="JDBC" />
            <!-- 数据库连接池 -->
            <dataSource type="POOLED">
                <property name="driver" value="${jdbc.driver}"/>
                <property name="url" value="${jdbc.url}"/>
```

```xml
                <property name="username" value="${jdbc.username}"/>
                <property name="password" value="${jdbc.password}"/>
            </dataSource>
        </environment>
    </environments>
    <!-- Mapper 映射文件配置 -->
    <mappers>
        <!-- 通过 resource 引用 UserMapper.xml 映射文件 -->
        <mapper resource="com/mybatis/mapping/UserMapper.xml" />
    </mappers>
</configuration>
```

2. MyBatisSQL 映射文件

MyBatis 的 SQL 映射文件中配置了操作数据库的 SQL 语句。MyBatis 强大的理由是因为其映射器的 XML 文件比 JDBC 简单。映射文件以 Statement 为单位进行配置，在 Satatement 中配置 SQL 语句、parameterType 输入参数类型（完成输入映射）、resultType 输出结果类型（完成输出映射）。具体配置如图 2-4 所示。

```xml
<?xml version="1.0" encoding="UTF-8"?>
<!DOCTYPE mapper
    PUBLIC "-//mybatis.org//DTD Mapper 3.0//EN"
    "http://mybatis.org/dtd/mybatis-3-mapper.dtd">
<mapper namespace="com.mybatis.dao.UserDao">
<!-- 使用parameterType属性指明查询时使用的参数类型，resultType属性指明查询返回的结果集类型 -->
    <!-- 查询信息 -->
    <select id="当前sql语句的唯一标识" resultType="结果集类型，可使用别名">
        查询SQL语句
    </select>

    <!-- 添加信息 -->
    <insert id="当前sql语句的唯一标识" parameterType="结果集类型，可使用别名">
        添加SQL语句
    </insert>

    <!-- 更新信息 -->
    <update id="当前sql语句的唯一标识" parameterType="结果集类型，可使用别名">
        更新SQL语句
    </update>

    <!-- 删除信息 -->
    <delete id="当前sql语句的唯一标识" parameterType="结果集类型，可使用别名">
        删除SQL语句
    </delete>
</mapper>
```

图 2-4 SQL 映射文件配置属性说明

由图 2-4 可知 MyBatis 映射文件中所有配置均基于 <mapper></mapper> 标签，<mapper></mapper> 标签中 namespace 属性用于绑定 Dao 接口，值为指定 Dao 接口的全限定名，通过配置该属性后，MyBatis 会直接通过该绑定寻找相对应的 SQL 语句并进行相应处理。<mapper></mapper> 中配置 select 及其他顶级元素，用来完成映射关系，常用顶级元素如表 2-3 所示。

表 2-3 SQL 映射文件的顶级元素

元素	意义
select	映射查询语句
insert	映射插入语句
update	映射更新语句
delete	映射删除语句
SQL	可以重用的 SQL 块,也可以被其他语句引用
resultMap	最复杂、也是最有力量的元素,用来描述如何从数据库结果集中加载对象

（1）select 元素

select 元素是 MyBatis 框架中最常用的元素之一,在应用程序中查询的复杂程度也远比插入等语句要高,且每次的插入、删除和更新的操作也伴随着查询,这也是 MyBatis 的基本原则。select 查询语句如示例代码 2-10 所示。

示例代码 2-10

```
<!-- 查询所有用户信息 -->
<select id="findUserList" resultType="User">
<!-- resultType 属性指明查询返回的结果集类型,User 为实体类的别名 -->
    SELECT
    `user`.id,
    `user`.username,
    `user`.realname,
    role.`name`,
    `user`.remarks
    FROM
    `user`
    INNER JOIN role ON `user`.role = role.id
</select>
```

select 中属性 id 定义的内容为该语句的名称,parameterType 属性为接收的参数类型,resultType 为返回的参数类型。代码中的"#{id}"表示一个占位符,提示框架创建一个预处理参数。

（2）parameterType 输入类型

输入类型有两种：#{},表示一个占位符,实现了向 PrepareStatement 中的预处理语句中设置参数,MyBatis 自动进行 Java 类型和 JDBC 类型的转换；${},表示 SQL 的拼接,通过 ${} 接收参数,将参数的内容不加任何修饰拼接在 SQL 中。

使用占位符 #{} 可以有效防止 SQL 注入。开发人员无需考虑参数的类型,比如,传入字符串,MyBatis 最终拼接好的 SQL 就是参数加单引号。

${} 和 #{} 不同，通过 ${} 可以将 parameterType 传入的内容拼接在 SQL 中且不进行 JDBC 类型转换，${} 可以接收简单类型值或 POJO 属性值。但使用 ${} 不能防止 SQL 注入。

（3）resultType 输出类型

输出类型分为输出简单类型，即 Java 中定义的 int、char、double 和 boolean 等简单类型，也可输出 POJO 类型和 POJO 列表类型。

- 输出简单类型

输出简单类型的前提是查询出来的结果有一条记录，使用 Session 的 selectOne() 方法查询单条记录，Mapper 接口使用简单类型作为方法返回值。

- 输出 POJO

输出 POJO 时，Mapper 接口使用 POJO 对象类型作为方法返回值。例如示例代码 2-11 中"resultType="User""，即可返回别名为"User"的 POJO 类型。

- 输出 POJO 列表

输出 POJO 列表代表查询到的结果集存在多条记录，可以使用 Session 的 selectList() 方法查询多条记录，Mapper 接口使用 List<POJO> 对象作为方法返回值。如果使用 selectOne() 方法用于查询多条记录，应用程序会抛出异常。异常信息如示例代码 2-11 所示。

示例代码 2-11

org.apache.ibatis.exceptions.TooManyResultsException: Expected one result (or null) to be returned by selectOne(), but found: 4

接下来了解一下 select 元素中可以进行配置的属性，具体内容如表 2-4 所示。

表 2-4　select 元素的属性

属性	描述	默认值
id	在命名空间中唯一的标识符，可以被用来引用这条语句	
parameterType	将会传入这条语句的参数类的完全限定名或别名	
parameterMap	这是引用外部 parameterMap 的已经被废弃的方法。使用内联参数映射和 parameterType 属性	
resultType	从这条语句中返回的期望类型的类的完全限定名或别名。注意集合情形，那应该是集合可以包含的类型，而不能是集合本身。使用 resultType 或 resultMap，但不能同时使用	
resultMap	命名引用外部的 resultMap。返回 Map 是 MyBatis 最具力量的特性，对其有一个很好的理解的话，许多复杂映射的情形就能被解决了。使用 resultMap 或 resultType，但不能同时使用	
flushCache	将其设置为 true，不论语句什么时候被调用，都会导致缓存被清空	默认值：false
useCache	将其设置为 true，将会导致本条语句的结果被缓存	默认值：true

续表

属性	描述	默认值
timeout	这个设置驱动程序等待数据库返回请求结果,并抛出异常时间的最大等待值	默认不设置(驱动自行处理)
statementType	STATEMENT,PREPARED 或 CALLABLE 的一种。这会让 MyBatis 使用选择使用 Statement,PreparedStatement 或 CallableStatement	默认值:PREPARED
resultSetType	FORWARD_ONLY|SCROLL_SENSITIVE|SCROLL_INSENSITIVE 中的一种	默认是不设置(驱动自行处理)

（4）insert、update 和 delete 元素

insert、update 和 delete 元素的实现的使用方法很相似。insert、update 和 delete 元素中可以进行配置的属性内容如表 2-5 所示。

表 2-5　insert、update 和 delete 元素的属性

属性	描述	默认值
id	在命名空间中唯一的标识符,可以被用来引用这条语句	
parameterType	将会传入这条语句的参数类的完全限定名或别名	
parameterMap	这是引用外部 parameterMap 的已经被废弃的方法。使用内联参数映射和 parameterType 属性	
flushCache	将其设置为 true,不论语句什么时候被调用,都会导致缓存被清空	默认值:false
timeout	这个设置驱动程序等待数据库返回请求结果,并抛出异常时间的最大等待值。默认不设置(驱动自行处理)	
statementType	STATEMENT,PREPARED 或 CALLABLE 的一种。让 MyBatis 选择使用 Statement、PreparedStatement 或 CallableStatement	默认值:PREPARED
useGeneratedKeys	(仅对 insert 有用)告诉 MyBatis 使用 JDBC 的 getGeneratedKeys() 方法来取出由数据(比如:像 MySQL 和 SQL Server 这样的数据库管理系统的自动递增字段)内部生成的主键	默认值:false
keyProperty	(仅对 insert 有用)标记一个属性,MyBatis 会通过 getGeneratedKeys 或通过 insert 语句的 selectKey 子元素设置它的值	默认:不设置

（5）SQL 元素

SQL 元素被用来定义可重用的 SQL 代码段,可包含在其他语句中。如示例代码 2-12 所示。

示例代码 2-12

```
<sql id="selectuser">
    id,username,password, remarks,role,realname
</sql>
```

除了顶级元素之外，在示例代码中也学习了 Parameters（参数）的传递方式。Parameters 元素在 MyBatis 框架的中使用率极高，是非常强大的元素。

- 简单参数

对于传递简单参数可以被设置成任何内容，如原生的类型和简单数据类型（整型、字符串），若没有相关属性的配置，它会完全用参数值来替代。如示例代码 2-13 所示。

示例代码 2-13

```
<select id="selectUsers" parameterType="int" resultType="hashmap">
    select <include refid="userColumns"/> from user where id = #{id}
</select>
```

- 复杂参数

复杂参数，如示例代码 2-14 所示。

示例代码 2-14

```
<insert id="insertUser" parameterType="User">
    INSERT INTO user(username,password,remarks,role,realname) VALUES (#{username},#{password},#{remarks},#{role},#{realname})
</insert>
```

至此，MyBatis 框架中 SQL 映射文件中常用配置介绍完成，以物料订单管理系统中用户管理模块的查询、按 id 进行查询、插入、修改和删除功能为例的 UserMapper.xml 具体配置如示例如代码 2-15 所示。

示例代码 2-15

```
<!DOCTYPE mapper
    PUBLIC "-//mybatis.org//DTD Mapper 3.0//EN"
    "http://mybatis.org/dtd/mybatis-3-mapper.dtd" >
<mapper namespace="com.mybatis.dao.UserDao">
<!-- 使用 parameterType 属性指明查询时使用的参数类型，resultType 属性指
明查询返回的结果集类型，User 为实体类的别名 -->
    <!-- 查询所有用户信息 -->
    <select id="findUserList" resultType="User">
        SELECT
```

```xml
            `user`.id,
            `user`.username,
            `user`.realname,
            role.`name`,
            `user`.remarks
        FROM
            `user`
            INNER JOIN role ON `user`.role = role.id
    </select>
    <!-- 通过用户 id 查询用户信息 -->
    <select id="findUserById" parameterType="int" resultType="User">
        SELECT
            `user`.id,
            `user`.username,
            `user`.realname,
            role.`name`,
            `user`.remarks
        FROM
            `user`
            INNER JOIN role ON `user`.role = role.id
        WHERE
            `user`.id = #{id}
    </select>
    <!-- 添加用户信息 -->
    <insert id="insertUser" parameterType="User">
        INSERT INTO user(username,password,remarks,role,realname) VALUES (#{username},#{password},#{remarks},#{role},#{realname})
    </insert>
    <!-- 更新用户信息 -->
    <update id="updateUser" parameterType="User">
        update user set username=#{username},password=#{password},remarks=#{remarks},role=#{role},realname=#{realname} where id=#{id}
    </update>
    <delete id="deleteUser" parameterType="int">
        delete from user where id=#{id}
    </delete>
</mapper>
```

技能点 3 环境准备

1. MyBatis 下载

如果要在 Java 项目中使用 MyBatis 框架，只需要将其引入，就能以面向对象的方式操作数据库，因此首先需要下载 MyBatis。MyBatis 下载步骤如下所示。

第一步：登录网站"https://github.com/mybatis/mybatis-3/releases/tag/mybatis-3.4.1"，点击名称为"mybatis-3.4.1.zip"的超链接进行压缩包下载，如图 2-5 所示。

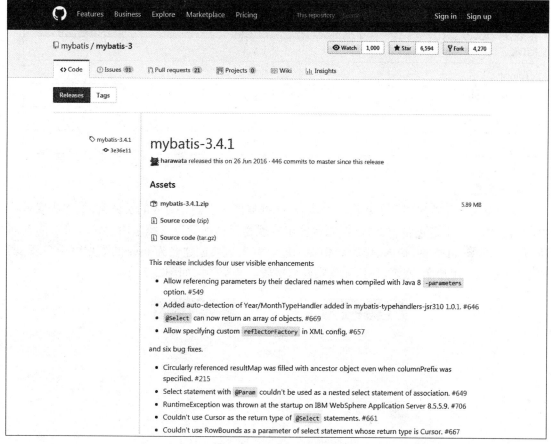

图 2-5 MyBatis 下载图

第二步：解压下载的压缩包，得到一个名为"mybatis-3.4.1"的文件夹，其中"lib"文件夹里存放了 Mybatis 框架所需要的核心包以及依赖包，mybatis-3.4.1.pdf 文档是 MyBatis 的说明文档，供读者参考。该文件夹的结构如图 2-6 所示。

lib	2018/1/19 13:33	文件夹	
LICENSE	2016/4/21 14:46	文件	12 KB
mybatis-3.4.1.jar	2016/6/26 4:10	Executable Jar File	1,546 KB
mybatis-3.4.1.pdf	2016/6/26 4:09	Chrome HTML D...	244 KB
NOTICE	2016/4/21 14:46	文件	4 KB

图 2-6　文件结构

2. 开发环境

物料订单管理系统开发时具体开发环境如表 2-6 所示。

表 2-6　开发环境

环境	版本号
JDK	1.8
Tomcat	8.0
MySQL	5.1.8
MyBatis	3.4.1
Eclipse	4.7

3. 数据库

在开发项目前首先要确定数据库表,然后根据数据库表创建对应的实体类,最终实现对数据库的操作。在本章项目中,通过控制台输出实现物料订单管理系统中用户管理模块的查询所有信息、根据 id 查询、插入、修改和删除功能。首先需要创建名为 user 的数据库用户表,表中包括用户 id、用户名、密码、角色和真实姓名字段。其实体图如图 2-7 所示。

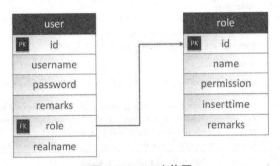

图 2-7　user 实体图

技能点 4　MyBatis 开发流程

前面讲解了 MyBatis 功能框架及结构体系,并且完成了 MyBatis 的下载。接下来通过使用控制台输出实现物料订单管理系统中管理模块的查询、按 id 查询、插入、修改和删除操作，来具体学习 MyBatis 的执行流程。

1. 工程结构

工程结构如图 2-8 所示。

图 2-8　工程结构图

其中各项的意义如表 2-7 所示。

表 2-7　文件说明

名称	意义
com.mybatis.dao	存放 Dao 层接口文件
com.mybatis.entity	存放 POJO 持久化类（实体类）
com.mybatis.mapping	存放 MyBatis 映射文件
com.mybatis.test	存放测试类
db.properties	JDBC 连接数据库配置信息
log4j.properties	日志信息的配置文件
mybatis-config.xml	MyBatis 的主要配置文件

2. 导入 jar 包

不同的项目实现不同的功能,需要的 jar 包会有所不同,本案例中需的 jar 包如表 2-8 所示。将项目所需的 jar 包导入到 lib 目录下并添加构建路径,完成 jar 包的导入。

表 2-8 所需 jar 包

名称	备注
mybatis-3.4.1.jar	MyBatis 的 jar 包
mysql-connector-java-5.1.8-bin.jar	MySQL 数据库 jar 包
log4j-1.2.17.jar	日志管理 jar 包
junit-4.8.2.jar	junit 测试 jar 包

3. log4j.properties 文件编写

log4j.properties 是一个管理日志信息的配置文件,是项目公用文件。通过使用 log4j,可以控制日志信息输送的目的地是控制台、文件和 GUI 组件等,也可以控制每一条日志的输出格式,通过定义每一条日志信息的级别,能够更加细致地控制日志的生成过程。日志文件编写,如示例代码 2-16 所示。

示例代码 2-16

\# Global logging configuration,使用开启环境中

\u8981\u7528debug

log4j.rootLogger=DEBUG, stdout

\# Console output...

log4j.appender.stdout=org.apache.log4j.ConsoleAppender

log4j.appender.stdout.layout=org.apache.log4j.PatternLayout

log4j.appender.stdout.layout.ConversionPattern=%5p [%t] - %m%n

---

4. db.properties

db.properties 是 JDBC 连接数据库的配置文件,数据库连接参数只配置在 db.properties 中,方便对参数进行统一管理,其他 XML 文件可以引用该 db.properties。代码见示例代码 2-3。

5. MyBatis 的 XML 配置文件

mybatis-config.xml 配置文件是 MyBatis 的全局配置文件。其主要配置 MyBatis 的运行环境、全局参数、类型处理器和映射配置等信息。MyBatis 框架下的用户管理模块 mybatis-config.xml 基本配置如示例代码 2-9 所示。

6. 实体类

在前面的简介中,了解到 ORM 框架中都有一个重要的媒介,就是 POJO(持久化对象)。持久化对象的作用就是完成持久化操作,通过对持久化对象的操作以面向对象的方式完成对数据库数据的操作。因此应用程序只需要操作持久化对象即可。MyBatis 中的 POJO 是非常简单的,持久化对象采用的就是完全普通的 Java 对象,它是低侵入式的设计。实体类代码如

示例代码 2-17 所示。

```
示例代码 2-17
public class User {
    private int id;
    private String username;
    private String password;
    private String remarks;
    private String role;
    private String realname;
    // 省略 get()/set() 方法和 toString() 方法…
}
```

7. 映射文件 UserMapper.xml（重点）

UserMapper.xml 文件即 SQL 映射文件，文件中配置了操作数据库的 SQL 语句。此文件需要在 mybatis-config.xml 中加载。它以 Statement 为单位进行配置（把一个 SQL 称为一个 Statement），在 Statement 中配置 SQL 语句、parameterType 和 resultType，提供 resultMap 配置输出结果类型（完成输出映射），后面重点讲通过 resultMap 完成复杂数据类型的映射（一对多，多对多映射）。Mapper 映射文件的命名方式建议：表名 Mapper.xml。本项目中 UserMapper.xml 代码如示例代码 2-15 所示。

8. DAO 层

DAO 层接口中存放操作数据库的方法，如示例代码 2-18 所示。

```
示例代码 2-18
public interface UserDao {
    // 查询用户信息列表
    public List<User> findUserList();
    // 通过 id 查询用户信息
    public User findUserById(int id);
    // 添加用户信息
    public void insertUser(User user);
    // 更新用户信息
    public void updateUser(User user);
    // 删除用户信息
    public void deleteUser(int id);
}
```

DAO 层实现类实现了 DAO 层接口中的方法，如示例代码 2-19 所示。

示例代码 2-19

```java
public class UserDaoImpl implements UserDao {
    @Override
    public List<User> findUserList() {
        // 创建会话工厂并加载配置文件
        SqlSessionFactory ssf = new SqlSessionFactoryBuilder().build(
                UserTest.class.getClassLoader().getResourceAsStream("mybatis-config.xml"));
        // 通过 SqlSessionFactory 创建 SqlSession
        SqlSession session = ssf.openSession();
        // 通过 SqlSession 操作数据库
        // 第一个参数：Statement 的位置，等于 namespace+Statement 的 id
        // 第二个参数：传入的参数
        List<User> list = session.selectList("findUserList");
        return list;
    }

    @Override
    public User findUserById(int id) {
        SqlSessionFactory ssf=new SqlSessionFactoryBuilder().build(
                UserTest.class.getClassLoader().getResourceAsStream("mybatis-config.xml"));
        SqlSession session=ssf.openSession();
        User user = session.selectOne("findUserById",id);
        return user;
    }

    @Override
    public void insertUser(User user) {
        SqlSessionFactory ssf = new SqlSessionFactoryBuilder().build(
                UserTest.class.getClassLoader().getResourceAsStream("mybatis-config.xml"));
        SqlSession session=ssf.openSession();
        session.insert("insertUser",user);
        session.commit();
    }
    @Override
```

```java
        public void updateUser(User user) {
            SqlSessionFactory ssf = new SqlSessionFactoryBuilder().build(
                    UserTest.class.getClassLoader().getResourceAsStream("mybatis-config.xml"));
            SqlSession session=ssf.openSession();
            session.update("updateUser",user);
            // 提交事务
            session.commit();
        }

        @Override
        public void deleteUser(int id) {
            SqlSessionFactory ssf = new SqlSessionFactoryBuilder().build(
                    UserTest.class.getClassLoader().getResourceAsStream("mybatis-config.xml"));
            SqlSession session=ssf.openSession();
            session.delete("deleteUser",id);
            session.commit();
        }
    }
```

9. 测试编码

编写测试类对数据库数据进行操作，代码如示例代码 2-20 所示。

示例代码 2-20

```java
public class UserTest {
    @Test
    public void FindUserTest() {
        UserDao userdao=new UserDaoImpl();
        // 查询所有用户信息
        List<User> list = userdao.findUserList();
        System.out.println(list);
        // 查询一条用户信息
        User user=userdao.findUserById(1);
        System.out.println(user);
        // 增加一条用户信息
        userdao.insertUser(new User("Cindy","999999999"," 实习 "," 初级管理员 "," 辛迪 "));
```

```
            // 删除一条用户信息
            userdao.deleteUser(10);
        }
    }
```

10. 效果

选中方法进行单元测试（添加单元测试所需要的 jar 包）运行结果如图 2-9 所示。

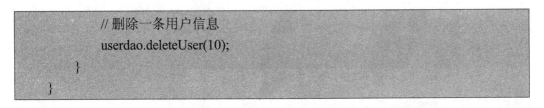

图 2-9 预期结果

通过上面的完整程序代码，不难发现 MyBatis 通过将查询的结果集，自动映射成 Java 对象的方式解决了原始 JDBC 编程存在的很多问题。例如：

①数据库连接创建、释放频繁造成系统资源浪费从而影响系统性能。

解决：在 mybatis-config.xml 中配置数据连接池，使用连接池管理数据库连接。

② SQL 语句写在代码中会造成代码不易维护，实际应用 SQL 变化的可能较大，SQL 变动需要改变 Java 代码。

解决：将 SQL 语句配置在 UserMapper.xml 文件中，与 Java 代码分离。

③向 PreparedStatement 中设置参数，对占位符号位置和设置参数值，硬编码在 Java 代码中，不利于系统维护。

解决：将 SQL 语句及占位符号和参数全部配置在 XML 文件中。

④从 resultSet 中遍历结果集数据时，存在硬编码，将获取表的字段进行硬编码，不利于系统维护。

解决：将查询的结果集，映射为 Java 对象。

在技能点的学习过程中，通过了解 MyBatis 框架的体系结构，学习了 MyBatis 框架的运行机制及框架搭建，并实现了物料订单管理系统的用户管理模块的功能，接下来就用本章所学知识进行框架的搭建，并使用数据库数据完成角色管理模块的功能。

1. 拓展业务需求

MyBatis 框架搭建并实现角色管理模块：物料订单管理系统中的角色管理模块主要用来进行角色的管理以及权限的分配，在此模块中主要显示了每一个角色的 ID、名称和权限范围等信息，其中权限范围决定角色可以对哪些模块的数据进行操作。具有角色的用户登录该系统后菜单栏显示对应的模块信息。该模块还提供对角色信息的添加、修改以及删除等操作。

2. 数据库脚本介绍

角色管理模块使用数据库中 role 表、menu_role 表、menu 表进行信息的获取及修改，其中 role 表为角色信息表，menu_role 表为角色表与权限表的中间表，用来建立角色与权限的关联关系，menu 表存放菜单及其访问路径等基本信息，其实体图如图 2-10 所示。

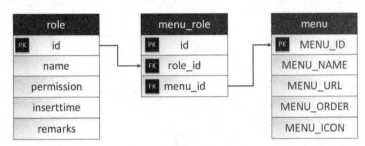

图 2-10　角色管理模块实体图

3. 设计流程

在搭建 MyBatis 的过程中要注意全局配置文件的编写，以及在全局配置文件中配置角色管理 RoleMapper.xml 文件，MyBatis 框架的基本流程如图 2-11 所示。

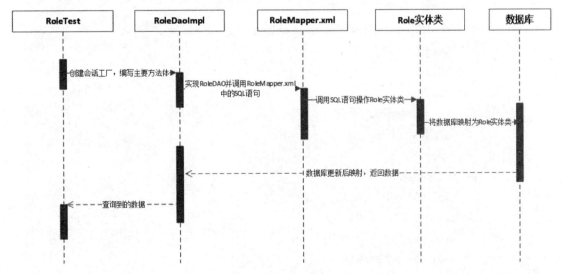

图 2-11　角色管理模块流程

提示：角色管理模块主要代码如示例代码 2-21 所示。

示例代码 2-21

```xml
<mapper namespace="com.mybatis.dao.RoleDao">
<!-- 查询角色列表 -->
    <select id="findRoleList" resultType="Role">
        SELECT
        role.id,
        role.`name`,
        role.permission,
        role.inserttime,
        role.remarks,
        menu.MENU_ID,
        menu.MENU_NAME,
        menu.MENU_URL,
        menu.MENU_ORDER,
        menu.MENU_ICON
        FROM
        role
        INNER JOIN menu_role ON role.id = menu_role.role_id
        INNER JOIN menu ON menu_role.menu_id = menu.MENU_ID
    </select>
    <!-- 通过 id 查询角色信息 -->
    <select id="findRoleById" parameterType="int" resultType="Role">
        SELECT
        role.id,
        role.`name`,
        role.permission,
        role.inserttime,
        role.remarks,
        menu.MENU_ID,
        menu.MENU_NAME,
        menu.MENU_URL,
        menu.MENU_ORDER,
        menu.MENU_ICON
        FROM
        role
        INNER JOIN menu_role ON role.id = menu_role.role_id
        INNER JOIN menu ON menu_role.menu_id = menu.MENU_ID
        WHERE
```

```
            role.id = #{id}
    </select>
    <!-- 通过 id 查询角色的所有信息 -->
    <select id="findRoleInfoById" parameterType="int" resultType="Role">
        SELECT
        *
        FROM
        role
        WHERE
        id = #{id}
    </select>
    <!-- 新增角色 -->
    <insert id="insertRole" parameterType="Role">
        INSERT INTO role(name,permission,inserttime,remarks) VALUES (#{name},#{permission},#{inserttime},#{remarks})
    </insert>
    <!-- 更新角色 -->
    <update id="updateRole" parameterType="Role">
        update role set name=#{name},permission=#{permission},inserttime=#{inserttime},remarks=#{remarks} where id=#{id}
    </update>
    <!-- 删除角色 -->
    <delete id="deleteRole" parameterType="int">
        delete from role where id=#{id}
    </delete>
</mapper>
```

4. 预期结果

查询所有用户结果如图 2-12 所示,其中 role 属性内容为空,若需要查询该内容可将 user 实体改为示例代码 2-22 中所示内容。

编码工作结束,进行单元测试,控制台输出结果如图 2-13 至 2-16 所示。

```
DEBUG [main] - <==      Total: 8
[User [id=1, username=Harry, password=null, remarks=null, role=null, realname=哈利]
, User [id=2, username=Kate, password=null, remarks=实习, role=null, realname=凯特]
, User [id=3, username=Catherine, password=null, remarks=null, role=null, realname=凯瑟琳]
, User [id=4, username=George, password=null, remarks=null, role=null, realname=乔治]
, User [id=5, username=Charlotter, password=null, remarks=null, role=null, realname=夏洛特]
, User [id=6, username=Gracie, password=null, remarks=null, role=null, realname=格雷]
, User [id=7, username=Alice, password=null, remarks=null, role=null, realname=爱丽丝]
, User [id=8, username=Quinn, password=null, remarks=实习, role=null, realname=奎因]
]
```

图 2-12 查询所有用户结果

示例代码 2-22

```java
// 编写 Role 实体类，User 继承 Role
public class User extends Role {
    private int id;
    private String username;
    private String password;
    private String remarks;
    private String role;
    private String realname;
// 省略 get() 和 set() 方法
    @Override
    public String toString() {
        return "User [id=" + id + ", username=" + username + ", password=" + password + ", remarks=" + remarks
                + ", role=" + this.getName() + ", realname=" + realname + "]";
    }

}
```

按 id 查询用户结果如图 2-13 所示。

```
DEBUG [main] - <==      Total: 1
User [id=1, username=Harry, password=null, remarks=null, role=null, realname=哈利]
```

图 2-13　按 id 查询用户结果

插入用户结果如图 2-14 所示。

```
DEBUG [main] - <==      Updates: 1
DEBUG [main] - Committing JDBC Connection [com.mysql.jdbc.JDBC4Connection@1d16f93d]
```

图 2-14　插入用户信息结果

修改用户信息结果如图 2-15 所示。

```
DEBUG [main] - <==      Updates: 1
DEBUG [main] - Committing JDBC Connection [com.mysql.jdbc.JDBC4Connection@2b9696bc]
```

图 2-15　修改用户信息结果

删除用户结果如图 2-16 所示。

```
DEBUG [main] - <==      Updates: 1
DEBUG [main] - Committing JDBC Connection [com.mysql.jdbc.JDBC4Connection@2b9627bc]
```

图 2-16　删除用户结果

MyBatis 提供查询缓存,用于减轻数据压力。想了解更多关于 MyBatis 查询缓存的内容,请扫描下方二维码,还有更多程序员的趣味日常在等你!

本章主要介绍了 MyBatis 的相关知识,包括使用 MyBatis 框架的环境准备、结构体系、全局配置文件与映射文件以及开发流程等知识,并使用 MyBatis 框架实现了物料订单管理系统中角色管理模块的功能。

第三章　项目持久化框架高级应用

通过实现物料订单管理系统中用户和角色的关联映射，了解 MyBatis 的关联映射、动态 SQL 和注解等 MyBatis 高级应用型知识，熟悉动态 SQL 中每个元素的使用，掌握 MyBatis 关联映射的运行原理及关联查询等，具有熟练使用高级知识处理问题的能力。在本章学习过程中：

- 了解 MyBatis 的 Annotation 注解。
- 掌握动态 SQL 以及关联映射的使用。
- 了解物料订单管理系统中用户、角色关联关系的业务。
- 实现物料订单管理系统中用户、角色关联映射关系。

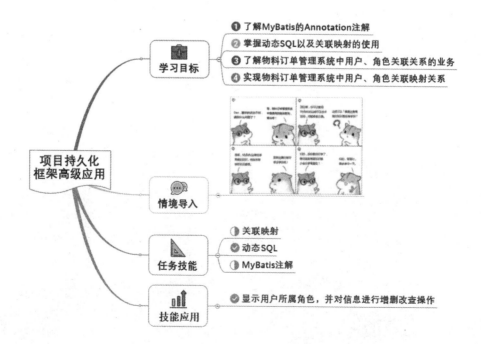

第三章 项目持久化框架高级应用

技能点 1 关联映射

在上一章节中，学习了 MyBatis 如何实现对数据库中单表进行映射，但在企业级项目中需要遵循数据库设计要求，因此会对业务模型进行拆分，将数据封装在不同的数据库表中，也就造成表与表之间存在一对多或多对多等关联关系，这时 MyBatis 就需要通过操作多个实体实现对数据库表的关联操作。

MyBatis 提供 resultMap 作为 MyBatis 映射文件的顶级元素，用来将查询到的复杂数据映射到一个结果集中。resultMap 可配置的属性元素如图 3-1 所示。

```
1  <!--column不做限制,可以为任意表的字段,而property须为type定义的pojo属性-->
2  <resultMap id="唯一标识" type="映射的实体类">
3      <id column="表的主键字段" property="映射实体类的主键属性" />
4      <result column="表中普通字段" property="映射实体类的普通属性（须为type定义的实体类中的属性）"/>
5      <association property="实体类对象属性" javaType="实体类关联的实体对象">
6          <id column="关联实体类对应表的主键字段" property="关联实体类的主键属性" />
7          <result column="关联实体类对应表的普通字段" property="关联实体类的普通属性"/>
8      </association>
9      <!-- 集合中的property须为ofType定义的pojo对象的属性-->
10     <collection property="实体类的集合属性" ofType="集合中的实体对象">
11         <id column="集合中实体类对应的表的主键字段" property="集合中实体类的主键属性" />
12         <result column="对应表的的普通字段" property="实体类的普通属性" />
13     </collection>
14     <discriminator column="需要进行鉴别的字段" javaType="Java类型" jdbcType="JDBC类型">
15         <!-- case 中value属性为进行配置的值,resultType属性为指定封装的结果类型 -->
16         <case value="对比的值" resultType="结果的映射类型" >
17             <result property="实体类属性" column="实体类属性对应的表字段" javaType="Java类型" jdbcType="JDBC类型"/>
18         </case>
19     </discriminator>
20 </resultMap>
```

图 3-1 resultMap 属性说明

1. 关联映射属性说明

由图 3-1 可知 resultMap 为 MyBatis 映射配置文件中的顶级元素，在 resultMap 元素内可配置 id 和 type 属性，其中 id 为当前 resultMap 的名称（可自定义），也是该 resultMap 的唯一标识；type 为所需映射的实体类名称，resultMap 可配置的子元素如表 3-1 所示。

表 3-1 resultMap 可配置子元素

属性	意义	使用方式
id	反射到 JavaBean 中属性的主键	
result	反射到 JavaBean 中属性的普通结果	
constructor	在类在实例化时,将结果注入到构造方法中	idArg: ID 参数;标记结果作为 ID 可以方便全局的调用 arg:注入构造方法的一个普通结果
association	复杂类型联合;许多查询结果合成该类型	嵌入结果映射: association 能引用自身,或者从其他地方引用
collection	复杂类型的集合	嵌入结果映射: collections 能引用自身,或者从其他地方引用
discriminator	使用一个结果值以决定使用哪个 resultMap	case:基于某些值的结果映射 case 也能引用它自身,所以也能包含这些同样的元素。它可以从外部引用 resultMap

（1）id 和 result 属性

id 和 result 都是映射一个单独列的值到简单数据类型,是相对简单的映射。唯一不同的是 id 为主键映射,result 是其他基本数据库表字段到实体类属性的映射,以上一章节中 user 表为例。代码如示例代码 3-1 所示。

第三章 项目持久化框架高级应用

示例代码 3-1

<id property="id" column="id"/> <!--id 为数据库表主键 -->
<result property="username" column="username"/> <!-- username 属性为普通字段 -->
<result property="password" column="password"/> <!-- password 属性为普通字段 -->
<result property="remarks" column=" remarks"/> <!-- remarks 属性为普通字段 -->
<result property="role" column="role"/> <!-- role 属性为普通字段 -->
<result property="realname" column="realname"/> <!-- realname 属性为普通字段 -->

id 和 result 语句属性配置如表 3-2 所示。

表 3-2 id 和 result 语句属性配置

属性	描述
property	需要映射到 JavaBean 的属性名称
column	数据库表的列名或标签别名
javaType	一个完整的类名,或者是一个类型别名。如果匹配的是一个 JavaBean,那 MyBatis 会自行检测。如果要映射到 HashMap,那就需要指定 javaType 确保行为成功
jdbcType	数据表支持的类型列表。这个属性只在 insert, update 或 delete 的时候针对允许空的列有用。JDBC 需要这项,但 MyBatis 不需要。如果是直接针对 JDBC 编码,且有允许空的列,要指定这个类型
typeHandler	使用这个属性可以覆写类型处理器。这项值可以是一个完整的类名,也可以是一个类型别名

MyBatis 支持如下的 JDBC 类型:

BIT	FLOAT	CHAR	TIMESTAMP	OTHER	UNDEFINED
TINYINT	REAL	VARCHAR	BINARY	BLOB	NVARCHAR
SMALLINT	DOUBLE	LONGVARCHAR	VARBINARY	CLOB	NCHAR
INTEGER	NUMERIC	DATE	LONGVARBINARY	BOOLEAN	NCLOB
BIGINT	DECIMAL	TIME	CURSOR	NULL	

(2) constructor 属性

使用 id 和 result 属性时,可以通过 JavaBean 定义 Java 实体类的属性以及所需映射的数据库表字段完成映射,也可以使用实体类中构造方法配合 constructor 实现映射。使用构造方法实现值的映射时 MyBatis 需要通过构造方法参数的书写顺序来进行赋值,这样 resultMap 在构造实体类时就会按照指定的参数寻找相应构造方法的属性完成映射。如果在 constructor 中指定相应的参数顺序与构造方法中参数顺序不一致,则无法赋值。

上面使用 id 和 result 实现功能的代码就可以改为如示例代码 3-2 所示。

示例代码 3-2

```
<constructor>
    <id Argcolumn="id" javaType="int"/>
    <arg column=" username " javaType="String"/>
    <arg column=" password " javaType=" String "/>
    <arg column=" remarks " javaType=" String "/>
    <arg column=" role " javaType=" String "/>
    <arg column=" realname " javaType=" String "/>
</constructor>
```

接下来,需要在对应的实体类中创建构造方法,代码如示例代码 3-3 所示。

示例代码 3-3

```
public User (int id, String username, String password, String remarks, String role, String realname){
// 对应构造器中参数顺序
    this. id = id;
    this. username = username;
    this. password = password;
    this. remarks = remarks;
    this. role = role;
    this. realname = realname;
}
```

（3）association 联合

联合元素 association 用来处理"一对一"关联关系。使用该元素需要指定映射的 Java 实体类的属性、属性的 javaType 和对应的数据库表的属性名称。association 可配置属性如表 3-3 所示。

表 3-3　association 配置属性配置

属性	意义
property	映射数据库列的字段或属性。如果 JavaBean 的属性与给定的名称匹配,就会使用匹配的名字
column	数据库的列名或者列标签别名
javaType	表示当前属性对应的 Java 类型（参考上面的内置别名列表）。如果映射到一个 JavaBean,那 MyBatis 通常会自行检测到

续表

属性	意义
jdbcType	支持的 JDBC 类型列表中列出的 JDBC 类型。这个属性只在 insert,update 或 delete 的时候针对允许空的列有用
typeHandler	使用这个属性可以覆写类型处理器。这项值可以是一个完整的类名,也可以是一个类型别名
select	表示执行一条 SQL 语句,将查询结果封装到 property 所代表的类型对象中

在接下来的一对一关联查询实例中,将讲解 association 元素在一对一映射中的使用方式。

(4) collection 聚集

聚集元素 collection 用来处理"一对多"关联关系映射,或与 association 联合使用完成"一对多"关联关系映射。使用 collection 元素需要指定映射的 Java 实体类的属性、属性的 javaType、列表中对象的类型 ofType(Java 实体类)和对应的数据库表的属性名称。collection 可配置属性如表 3-4 所示。

表 3-4 collection 配置属性

属性	意义
property	映射数据库列的字段或属性。如果 JavaBean 的属性与给定的名称匹配,就会使用匹配的名字
ofType	集合中对象所属类型(可使用别名)
javaType	完整 Java 类名或别名(参考上面的内置别名列表)。如果映射到一个 JavaBean,那 MyBatis 通常会自行检测到
column	数据库的列名或者列标签别名
typeHandler	使用这个属性可以覆写类型处理器。这项值可以是一个完整的类名,也可以是一个类型别名
select	表示执行一条 SQL 语句,将查询结果封装到 property 所代表的类型对象中

在接下来的一对多和多对多关联查询实例中,将讲解 collection 元素在一对一映射中的使用方式。

(5) discriminator 鉴别器

一个单独的数据库查询会返回包括各种不同的数据类型的结果集,而 discriminator 鉴别器元素用来处理此种情况以及对类级别的继承层次结构处理,其中 column 属性代表对哪一字段进行鉴别,子元素 case 则用于区分值是否匹配。discriminator 鉴别器的表现形式类似 Java 语言中的 switch 语句,因此非常容易理解。

定义鉴别器时需要指定其 column 属性和 javaType 属性的值。如示例代码 3-4 所示,当鉴别出当前实体中 id 属性值为 51 时,则将 id 映射至指定的结果类型中。

示例代码 3-4

```xml
<resultMap type="User" id="usermap">
<!--type 属性为实体类的全限定名或别名,id 属性为自定义当前 resultMap 名称 -->
    <id property=" id " column=" id " javaType="int" jdbcType="INTEGER"/>
    <result property=" username " column=" username " javaType="String"
        jdbcType="VARCHAR"/>
    <result property=" password " column=" password " javaType=" String "
        jdbcType=" VARCHAR "/>
    <result property=" remarks " column=" remarks " javaType=" String "
        jdbcType=" VARCHAR "/>
    <result property=" role " column=" role " javaType=" String "
        jdbcType=" VARCHAR "/>
    <result property=" realname " column=" realname " javaType=" String "
        jdbcType=" VARCHAR "/>
<!-- 鉴别器 -->
    <!-- discriminator 中 column 属性为需要鉴别的字段,javaType,jdbcType 分别为该属性的 Java 类型及 JDBC 类型 -->
    <discriminator column=" id " javaType="String" jdbcType="VARCHAR">
        <!-- case 中 value 属性为进行配置的值,resultType 属性为指定封装的结果类型 -->
        <case value="51" resultType="User" >
            <result property=" id " column=" id " javaType="int"
                jdbcType="INTEGER"/>
        </case>
    </discriminator>
</resultMap>
```

至此,已经学习到 resultMap 的相关知识以及各个元素的用法,接下来将使用产品及订单模型,对所学知识进行合理运用。

2. 一对一关联查询实例

从上一章讲解的内容中了解到,在 MyBatis 中查询进行 select 映射的时候,返回类型可以用 resultType 标签,也可以使用 resultMap 标签,其中 resultType 标签可直接表示返回类型,而 resultMap 标签则是通过引用外部定义的 resultMap,对结果集进行映射。在 MyBatis 中进行同一个查询(即 select 映射)时,resultType 与 resultMap 不能同时使用。

- resultType

当使用 resultType 做 SQL 语句返回结果类型处理时,对于 SQL 语句查询出的数据库表字段在与其对应的 POJO 中必须有和该字段匹配的属性,而 resultType 中的内容就该是 POJO 的全限定名或配置的别名。因此对于单表查询来说用 resultType 是最合适的

- resultMap

当使用 resultMap 做 SQL 语句返回结果类型处理时需要通过 id 引用外部定义的 result-Map。外部定义的 resultMap 需要编写在映射文件中并描述 POJO 与相应表字段的对应关系。

接下来，使用产品订单模型实现一对一、一对多和多对多的关联查询，在实现过程中掌握 MyBatis 关联映射的用法。数据库中各表信息如表 3-5 所示。

表 3-5 表信息

表名	描述
customer	记录购买产品的客户
orders	记录客户所创建的订单信息
orderinfo	记录客户创建订单的详细信息
products	记录商家提供的产品信息

customer 表中存放购买过产品客户的名称、生日、性别和地址等基本信息；products 表中存放产品的名称、插入时间和花费价格等基本信息；orders 表中存放订单数量、插入时间、备注以及客户 id 等基本信息；orderinfo 表作为关联表存放每一笔订单中的订单 id、产品 id 以及产品数量信息。数据库实体图如图 3-2 所示，可根据该实体图创建数据库表。

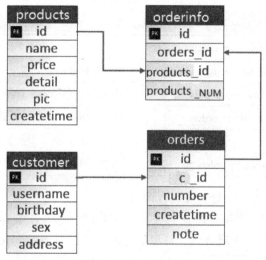

图 3-2 产品订单实体图

由实体图可知各个表中存在主外键关系，各个表之间的关联关系以及外键关系如图 3-3 所示。

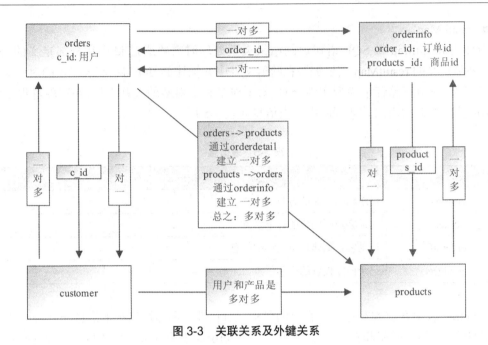

图 3-3 关联关系及外键关系

各个表之间的关联关系，如表 3-6 所示。

表 3-6 关联关系表

表	对应关系	关联关系	映射关系
customer orders	customer → orders	一个客户可以创建多个订单	一对多
	orders → user	一个订单只能由一个客户创建	一对一
orders orderinfo	orders → orderinfo	一个订单可以包括多个订单明细	一对多
	orderinfo → orders	一个订单明细只属于一个订单	一对一
orderinfo products	orderinfo → products	一个订单明细对应一个产品信息	一对一
	products → orderinfo	一个产品对应多个订单明细	一对多

（1）使用 resultType 实现一对一关联查询

一对一关联映射需求：查询订单信息关联查询客户信息。在进行订单查询的过程中将订单所属客户的基本信息进行关联查询。订单信息及客户信息一对一关联关系如图 3-4 所示。

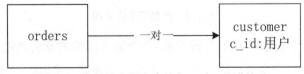

图 3-4 订单信息及客户信息一对一关联关系

第一步：创建一对一映射的 POJO 类。

使用 resultType 完成一对一的关联映射需要重新创建一个 POJO 类，这个 POJO 类需要包括要查询的订单信息和客户信息才能使用 resultMap 进行一对一关联映射，因此创建 OrderCustomer 类并继承查询的主表的 POJO 类（Orders），添加客户信息的属性，如示例代码 3-5 所示。

示例代码 3-5

```java
public class OrderCustomer extends Orders {
    // 补充客户信息
    private String username;
    private String birthday;
    private String sex;
    private String address;
    // 省略 get()/set() 方法…
    @Override
    public String toString() {
        return "Orders [id=" + getId() + ", c_id=" + getC_id() + ", number=" +
            getNumber() + ", createtime=" + getCreatetime() + ", note="
                + getNote() + "," + " OrderCustomer [username=" + username + ", "
            birthday=" + birthday + ", sex=" + sex + ", address="
                + address + "]"+ "]";
    }
}
```

第二步：编写 Mapper 映射文件。

接下来定义 OrderCustomer 对应的 Mapper 映射文件 OrdersCustomerMapper.xml，编写一对一查询的 SQL 语句，如示例代码 3-6 所示。

示例代码 3-6

```xml
<!-- namespace 属性为指定 DAO 接口的全限定名 -->
<mapper namespace="com.mybatis.dao.OrderCustomerDao">
<!-- 使用 reusltType 完成查询订单关联查询客户信息，通过 orders 关联查询客户使用 c_id 一个外键，只能关联查询出一条客户记录就可以使用内连接 -->
    <select id="findOrderCustomerList" resultType="OrderCustomer">
        SELECT
        *
        FROM
        orders,
        CUSTOMER
        WHERE orders.c_id = customer.id
    </select>
</mapper>
```

第三步：编写 DAO 层接口文件。

接口文件代码如示例代码 3-7 所示。

示例代码 3-7

```java
public interface OrdersCustomerDao {
    public List<OrderCustomer> findOrderCustomerList();
}
```

接口文件实现类代码如示例代码 3-8 所示。

示例代码 3-8

```java
public class OrdersCustomerDaoImpl implements OrdersCustomerDao {
    @Override
    public List<OrderCustomer> findOrderCustomerList() {
        // 创建会话工厂并加载配置文件
        SqlSessionFactory ssf = new SqlSessionFactoryBuilder().build(
        OrderCustomerTest.class.getClassLoader().getResourceAsStream("mybatis-config.xml"));
        // 通过 SqlSessionFactory 创建 SqlSession
        SqlSession session = ssf.openSession();
        // 通过 SqlSession 操作数据库
        // 第一个参数：Statement 的位置，等于 Statement 的 id
        List<OrderCustomer> list = session.selectList("findOrderCustomerList");
        return list;
    }
}
```

第四步：编写测试类。

创建名为 OrderCustomerTest 的测试类，代码如示例代码 3-9 所示。

示例代码 3-9

```java
public class OrderCustomerTest {
    @Test
    public void test() throws Exception {
        OrdersCustomerDao ocdao = new OrdersCustomerDaoImpl();
        List<OrderCustomer> list = ocdao.findOrderCustomerList();
        System.out.println(list);
    }
}
```

第五步：测试结果。

针对测试类中的 test() 方法进行单元测试，控制台输出结果如图 3-5 所示。

```
DEBUG [main] - <==      Total: 4
[Orders [id=1, c_id=1, number=1, createtime=Thu May 17 11:33:46 CST 2018, note=
,+ OrderCustomer [username=Daive, birthday=1995, sex=男, address=天津市]]
, Orders [id=2, c_id=1, number=1, createtime=Sat May 12 11:40:40 CST 2018, note=
null,+ OrderCustomer [username=Daive, birthday=1995, sex=男, address=天津市]]
, Orders [id=3, c_id=2, number=2, createtime=null, note=
null,+ OrderCustomer [username=2, birthday=2, sex=2, address=2]]
, Orders [id=4, c_id=2, number=2, createtime=null, note=
null,+ OrderCustomer [username=2, birthday=2, sex=2, address=2]]
]
```

图 3-5　test() 输出结果

（2）使用 resultMap 实现一对一关联查询

在之前的讲解中，使用 resultType 实现了一对一的关联映射，接下来使用 resultMap 中的 association 标签实现订单信息和客户信息的一对一关联查询。订单信息与用户关联关系如图 3-4 所示。

第一步：resultMap 映射思路及 POJO 编写。

使用 resultMap 实现一对一关联查询需要将关联查询的信息映射到 POJO 中，在主表对应的 Orders 实体类中创建 customer 属性（前提是创建 Customer 实体类），并将关联查询的信息映射到 customer 属性中，即可完成一对一关联映射。Orders 类代码如示例代码 3-10 所示。

示例代码 3-10

```java
public class Orders implements Serializable {
    private int id;
    private int c_id;
    private int number;
    private Date createtime;
    private String note;
    // 定义客户信息属性
    private Customer customer;
    // 省略 get()/set() 和 toString() 方法 ...
}
```

第二步：编写 Mapper 映射文件并完成 resultMap 定义。

在 OrdersCustomer 对应的映射文件中定义 resultMap，并使用 association 实现一对一关联查询并完成映射，代码如示例代码 3-11 所示。

示例代码 3-11

```xml
<!--resultMap 标签中 type 属性为当前映射的 POJO 类，id 属性为 -->
<resultMap type="Orders" id="orderCustomerResultMap">
    <!-- 完成订单信息的映射配置 -->
    <!-- id：订单关联客户查询的唯一标识 -->
    <id column=" id" property="id"/>
```

```xml
<result column="c_id" property="c_id"/>
<result column="number" property="number"/>
<result column="createtime" property="createtime"/>
<result column="note" property="note"/>
<!-- 完成关联客户信息的映射 -->
<association property="customer" javaType="Customer">
    <!-- id:关联信息的唯一标识 -->
    <!-- property:要映射到 customer 的哪个属性中 -->
    <id column="c_id" property="id"/>
    <!-- result 就是普通列的映射 -->
    <result column="username" property="username"/>
    <result column="birthday" property="birthday"/>
    <result column="sex" property="sex"/>
    <result column="address" property="address"/>
</association>
</resultMap>
```

第三步：编写 SQL 语句。

在此阶段只需将示例代码 3-6 中 resultType 属性改为 resultMap 属性即可，在 resultMap 属性中通过 id 引用上一步定义的 resultMap。代码如示例代码 3-12 所示。

示例代码 3-12

```xml
<mapper namespace="com.mybatis.dao.OrderCustomerDao">
<!-- 一对一查询使用 reusltMap 完成查询订单关联查询客户信息 -->
    <select id="findOrderList" resultMap="orderCustomerResultMap">
        SELECT
        *
        FROM
        orders,
        CUSTOMER
        WHERE orders.c_id = customer.id
    </select>
</mapper>
```

第四步：编写 DAO 层接口文件。

接口文件代码如示例代码 3-13 所示。

示例代码 3-13

```java
public interface OrdersCustomerDao {
    public List<Orders> findOrderList();
}
```

接口文件实现类代码如示例代码 3-14 所示。

示例代码 3-14

```java
public class OrdersCustomerDaoImpl implements OrdersCustomerDao{
    @Override
    public List<Orders> findOrderList() {
        // 创建会话工厂并加载配置文件
        SqlSessionFactory ssf = new SqlSessionFactoryBuilder().build(
        OrderCustomerTest.class.getClassLoader().getResourceAsStream("mybatis-config.xml"));
        // 通过 SqlSessionFactory 创建 SqlSession
        SqlSession session = ssf.openSession();
        // 通过 SqlSession 操作数据库
        // 第一个参数：Statement 的位置，等于 Statement 的 id
        // 第二个参数：传入的参数
        List<Orders> list = session.selectList("findOrderList");
        return list;    }
}
```

第五步：编写测试类。

创建名为 OrderCustomerTest 的测试类，代码如示例代码 3-15 所示。

示例代码 3-15

```java
public class OrderCustomerTest {
    @Test
    public void test() throws Exception {
        OrdersCustomerDao ordersdao = new OrdersCustomerDaoImpl();
        List<Orders> list = ordersdao.findOrderList();
        System.out.println(list);
    }
}
```

第六步：运行测试。

使用单元测试对测试类中 test() 进行测试，最终控制台输出结果如图 3-6 所示（与使用

resultType 实现一对一映射的结果一致）。

```
DEBUG [main] - <==      Total: 4
[Orders [id=1, c_id=1, number=1, createtime=Thu May 17 11:33:46 CST 2018, note=
,+ OrderCustomer [username=Daive, birthday=1995, sex=男, address=天津市]]
, Orders [id=2, c_id=1, number=1, createtime=Sat May 12 11:40:40 CST 2018, note=
null,+ OrderCustomer [username=Daive, birthday=1995, sex=男, address=天津市]]
, Orders [id=3, c_id=2, number=2, createtime=null, note=
null,+ OrderCustomer [username=2, birthday=2, sex=2, address=2]]
, Orders [id=4, c_id=2, number=2, createtime=null, note=
null,+ OrderCustomer [username=2, birthday=2, sex=2, address=2]]
]
```

图 3-6　test() 输出结果

3. 一对多关联查询实例

一对多关联映射需求：查询所有订单的同时使用一对一关联映射和一对多关联映射查询该订单的所属客户信息及订单详细信息。订单表、客户表及订单信息表关联关系如图 3-7 所示。

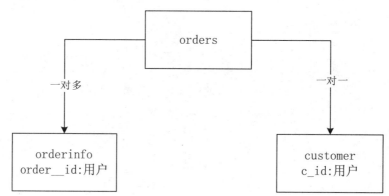

图 3-7　客户、订单、订单信息关联关系

（1）resultMap 进行一对多映射思路及创建 POJO 类

在之前的学习中，讲解过 resultMap 提供了 collection 标签来完成关联信息映射到集合对象中。在创建了 customer 属性的基础上，创建 orderinfo 集合属性并将订单详细信息映射到该集合属性中（前提是创建了 Customer 实体类和 Orderinfo 实体类）。代码如示例代码 3-16 所示。

示例代码 3-16
public class Orders implements Serializable { 　　private Integer id; 　　private int c_id; 　　private String number; 　　private Date createtime; 　　private String note;

```
// 关联客户信息（一对一）
private Customer customer;
// 订单明细（一对多）
private List<Orderinfo> orderinfo;
// 省略了 get()/set() 方法 …
}
```

(2) 编写映射文件并完成 resultMap 定义

在实体类对应的映射文件中定义 resultMap，并使用 collection 实现订单和订单信息的一对多映射，这里使用继承实现一对一关联映射时定义的 orderCustomerResultMap，如果不使用继承，就需要定义订单和客户信息的映射信息。代码如示例代码 3-17 所示。

示例代码 3-17

```xml
<!-- 一对多,查询订单及订单明细 -->
<resultMap type="Orders" id="orderAndOrderInfo" extends="orderCustomerResultMap">
    <!-- 映射订单明细信息 property:要将关联信息映射到 orders 的哪个属性中 ofType:集合中 POJO 的类型 -->
    <collection property="orderinfo" ofType="Orderinfo">
    <!-- id:关联信息订单明细的唯一标识 property:Orderinfo 的属性名 -->
        <id column="orderinfo_id" property="id"/>
        <result column="products_NUM" property="products_NUM"/>
        <result column="products_id" property="products_id"/>
    </collection>
</resultMap>
```

(3) 编写 SQL

在实体类对应的映射文件中编写 SQL 语句，并在 resultMap 属性中通过 id 引用上一步中定义的 resultMap。代码如示例代码 3-18 所示。

示例代码 3-18

```xml
<!-- 一对多查询使用 reusltMap 完成查询订单关联查询订单明细 -->
<select id="findOrderAndOrderInfo" resultMap="orderAndOrderInfo">
    SELECT
    orders.*,
    customer.username,
    customer.sex ,
    orderinfo.id orderinfo_id,
```

```
            orderinfo.products_NUM,
            orderinfo.products_id
        FROM
            orders,
            customer,
            orderinfo
        WHERE orders.c_id = customer.id AND orders.id = orderinfo.orders_id
    </select>
```

（4）编写接口文件

接口文件代码如示例代码 3-19 所示。

示例代码 3-19

```java
public interface OrdersDao {
    public List<Orders> findOrderAndOrderInfo();
}
```

接口实现类代码如示例代码 3-20 所示。

示例代码 3-20

```java
public class OrdersDaoImpl implements OrdersDao {
    @Override
    public List<Orders> findOrderAndOrderInfo() {
        // 创建会话工厂并加载配置文件
        SqlSessionFactory ssf = new SqlSessionFactoryBuilder().build(
                OrdersTest.class.getClassLoader().getResourceAsStream("mybatis-config.xml"));
        // 通过 SqlSessionFactory 创建 SqlSession
        SqlSession session = ssf.openSession();
        // 通过 SqlSession 操作数据库
        // 第一个参数：Statement 的位置，等于 Statement 的 id
        // 第二个参数：传入的参数
        List<Orders> list = session.selectList("findOrderAndOrderInfo");
        return list;
    }
}
```

（5）编写测试类

创建名为 OrdersTest 的测试类。代码示例代码 3-21 所示。

示例代码 3-21

```java
public class OrdersTest {
    @Test
    public void test() throws Exception {
        OrdersDao ordersdao = new OrdersDaoImpl();
        List<Orders> list = ordersdao.findOrderAndOrderInfo();
        System.out.println(list);
    }
}
```

(6)测试结果

使用单元测试对 test() 进行测试,控制台输出结果如图 3-8 所示。

```
DEBUG [main] - <==      Total: 1
[Orders [id=1, c_id=1, number=1, createtime=Thu May 17 11:33:46 CST 2018, +note=
, customer=Customer [id=1, username=Daive, birthday=null
, sex=男, address=null], orderinfo=[Orderinfo [id=1, orders_id=0, products_id=2, products_NUM=1]]]]
```

图 3-8　test() 输出结果

4. 一对多关联查询实例(复杂)

多对多关联映射需求:查询所有客户信息,在这个过程中关联查询订单、订单明细信息以及产品信息。主查询表为客户信息表,关联查询表为订单表、订单信息表和产品信息表。各表间关联关系如图 3-3 所示。

(1)resultMap 进行一对多映射思路及 POJO 类的编写

在 Customer 类中创建映射的属性:类型为集合 List<Orders> 的属性 orders;在 Orders 类中创建映射的属性:类型为集合 List<Orderinfo> 的属性 orderinfo;在 Orderinfo 中创建产品属性:类型为 Products 的属性 products。

Customer 类中创建映射的属性,代码如示例代码 3-22 所示。

示例代码 3-22

```java
public class Customer implements Serializable {
    private int id;
    private String username;// 客户姓名
    private String sex;// 性别
    private Date birthday;// 生日
    private String address;// 地址
    // 多个订单
    private List<Orders> orders;
    // 省略 get()/set() 方法…
}
```

在 Orders 类中创建映射的属性，代码如示例代码 3-23 所示。

示例代码 3-23
```java
public class Orders implements Serializable {
    private Integer id;
    private Integer c_id;
    private String number;
    private Date createtime;
    private String note;
    // 订单明细
    private List<Orderinfo> orderinfo;
    // 省略 get()/set() 方法 …
}
```

在 Orderinfo 中创建产品属性，代码如示例代码 3-24 所示。

示例代码 3-24
```java
public class Orderinfo implements Serializable {
    private int id;
    private int orders_id;
    private int products_id;
    private int products_NUM;
    // 产品信息
    private Products products;
    // 省略 get()/set() 方法…
}
```

（2）resultMap 定义

创建映射文件并定义 resultMap 以完成映射，在客户信息中映射订单信息，在订单信息中映射订单明细信息，在订单明细中映射产品信息，具体配置如示例代码 3-25 所示。

示例代码 3-25
```xml
<!-- 多对多查询,查询客户及产品信息和订单明细 -->
<resultMap type="Customer" id="customerResultMap">
    <!-- 客户信息映射 -->
    <id column="c_id" property="id"/>
    <result column="username" property="username"/>
    <result column="birthday" property="birthday"/>
    <result column="sex" property="sex"/>
    <result column="address" property="address"/>
```

```xml
            <!-- 订单信息 -->
        <collection property="orders" ofType="Orders">
            <id column="id" property="id"/>
            <result column="c_id" property="c_id"/>
            <result column="number" property="number"/>
            <result column="createtime" property="createtime"/>
            <result column="note" property="note"/>
                <!-- 订单明细映射 -->
            <collection property="orderinfo" ofType="Orderinfo">
        <!-- id:关联信息订单明细的唯一标识 property: Orderinfo 的属性名 -->
                <id column="orderinfo_id" property="id"/>
                <result column="products_NUM" property="products_NUM"/>
                <result column="products_id" property="products_id"/>
                    <!-- 产品信息 -->
                <association property="products" javaType="Products">
                    <id column="products_id" property="id"/>
                    <result column="name" property="name"/>
                    <result column="price" property="price"/>
                    <result column="detail" property="detail"/>
                    <result column="pic" property="pic"/>
                    <result column="createtime" property="createtime"/>
                </association>
            </collection>
        </collection>
</resultMap>
```

(3) 编写 SQL 语句

在映射文件中编写 SQL 语句,并在 resultMap 属性中通过 id 引用上一步中定义的 resultMap。代码如示例代码 3-26 所示。

示例代码 3-26

```xml
<!-- 一对多查询使用 reusltMap 完成查询客户及订单和订单明细,关联产品的信息 -->
<select id="findCustomerList" resultMap="customerResultMap">
    SELECT
    orders.*,
    customer.username,
    customer.sex,
    orderinfo.id AS orderdetail_id,
    orderinfo.products_NUM,
```

```
            orderinfo.products_id,
            products.`name`,
            products.detail
        FROM
            orders,
            customer,
            orderinfo,
            products
        WHERE orders.c_id = customer.id  AND orders.id = orderinfo.orders_id AND products.id = orderinfo. products_id
    </select>
```

（4）编写接口文件

接口文件如示例代码 3-27 所示。

示例代码 3-27

```java
public interface CustomerDao {
    public List<Customer> findCustomerList();
}
```

接口实现类如示例代码 3-28 所示。

示例代码 3-28

```java
public class CustomerDaoImpl implements CustomerDao {
    @Override
    public List<Customer> findCustomerList() {
        // 创建会话工厂并加载配置文件
        SqlSessionFactory ssf = new SqlSessionFactoryBuilder().build(
            CustomerTest.class.getClassLoader().getResourceAsStream("mybatis-config.xml"));
        // 通过 SqlSessionFactory 创建 SqlSession
        SqlSession session = ssf.openSession();
        // 通过 SqlSession 操作数据库
        // 第一个参数：Statement 的位置，等于 Statement 的 id
        // 第二个参数：传入的参数
        List<Customer> list = session.selectList("findCustomerList");
        return list;
    }
}
```

（5）编写测试类

创建名为 CustomerTest 的测试类，如示例代码 3-29 所示。

示例代码 3-29

```
public class CustomerTest {
    @Test
    public void test() throws Exception {
        CustomerDao ordersdao = new CustomerDaoImpl();
        List<Customer> list = ordersdao.findCustomerList();
        System.out.println(list);
    }
}
```

（6）测试结果

使用单元测试进行测试，最终控制台输出结果如图 3-9 所示。

```
DEBUG [main] - <==      Total: 1
[Customer [id=1, username=Daive
, birthday=null, sex=男
, address=null, orders=[Orders [id=1, c_id=1, number=1, createtime=Thu May 17 11:33:46 CST 2018
, note=, orderinfo=[Orderinfo [id=0, orders_id=0, products_id=2
, products_NUM=1, products=Products [id=2, name=牛奶
, price=null, detail=脱脂, pic=null
, createtime=Thu May 17 11:33:46 CST 2018]]]]]]]
```

图 3-9 test() 输出结果

技能点 2　动态 SQL

在实际项目中经常会根据不同的业务进行 SQL 语句的拼接，这时需要注意很多细节性的东西，例如很多时候因为一个空格会出现各种各样的问题。在 MyBatis 中，通过动态 SQL 可以很好地解决这一问题。动态 SQL 是 MyBatis 中一个很显著的特性，它有很好的灵活性，在开发过程中减少了许多代码量，从而提高了开发效率。

常用的动态 SQL 元素如表 3-7 所示。

表 3-7　常用动态 SQL 元素

元素名称	用途
if	简单的条件选择
choose（when、otherwise）	choose 元素通常与 when 元素和 otherwise 元素一起使用，用于多条件判断
where	用于条件判断

元素名称	用途
set	用于更新数据库字段
foreach	用于遍历集合元素
bind	用户从 OGNL 表达式中创建一个变量,并且将变量绑定在上下文中

下面来详细介绍这些元素以及他们的使用方法。

1. if 元素

if 元素相当于 Java 中的 if 判断语句,可以实现简单的条件选择,也是项目中最常用的一个元素。在 if 元素中有一个 test 属性,这个属性主要用于判断条件的真假。在添加用户信息时使用 if 元素动态拼接要添加的属性,Mapper 配置文件代码如示例代码 3-30 所示。

```
示例代码 3-30
<insert id="insertUser" parameterType="User">
    insert into user
    <!-- trim 元素可以去掉一些特殊的字符串,其中 prefix 属性表示前缀,suffix 属性表示后缀,suffixOverrides 表示需要去掉的字符串 -->
    <trim prefix="(" suffix=")" suffixOverrides=",">
        username, password,role,realname,
        <if test="remarks != null">
            remarks,
        </if>
    </trim>
    <trim prefix="values (" suffix=")" suffixOverrides=",">
        #{username,jdbcType=VARCHAR},#{password,jdbcType=VARCHAR},#{role,jdbcType=VARCHAR},#{realname,jdbcType=VARCHAR},
        <if test="remarks != null">
            #{remarks,jdbcType=LONGVARCHAR},
        </if>
    </trim>
</insert>
```

如示例代码 3-30 所示,添加用户信息时 remarks 属性可动态拼接,即当 remarks 属性传递的参数为空时,则 SQL 语句不拼接 remarks 属性,数据库表中也没有 remarks 字段的值,反之则拼接 remarks 属性。

remarks 属性传递参数为空的 SQL 语句如示例代码 3-31 所示。

示例代码 3-31

insert into user (username, password,role,realname) values (?,?, ?,?)

remarks 属性传递参数不为空的 SQL 语句如示例代码 3-32 所示。

示例代码 3-32

insert into user (username, password,role,realname, remarks) values (?,?, ?,?, ?)

2.choose 元素

在各种网站进行登录时，可以用自己的账号密码登录，也可以通过第三方用户名和密码登录，这时就要根据不同的登录条件进行查询，在这种情况下使用 choose 元素可以大大减少 SQL 语句的编写，能够更好地方便开发。

choose 元素相当于 Java 中的 switch 语句。choose 元素通常与 when 元素和 otherwise 元素一起使用，when 元素表示要满足的条件，otherwise 表示 when 元素中的条件都不满足时，SQL 语句默认拼接的内容。这里使用 choose 元素实现上一章用户管理模块中查询用户信息的功能。要求查询时可以通过用户名查询用户信息，也可以通过用户的真实姓名查询。Mapper 配置文件代码如示例代码 3-33 所示。

示例代码 3-33

```xml
<select id="findUser" resultType="User">
    SELECT
    `user`.id,
    `user`.username,
    `user`.`password`,
    `user`.remarks,
    `user`.role,
    `user`.realname,
    role.`name`
    FROM
    `user`
    INNER JOIN role ON `user`.role = role.id
    where 1=1
    <choose>
        <when test="username != null">
            and `user`.username = #{username}
        </when>
        <when test="realname != null">
            and `user`.realname = #{realname}
```

```
            </when>
            <otherwise>
                and `user`.id = 1
            </otherwise>
        </choose>
    </select>
```

如示例代码 3-33 所示，两个 when 元素的条件分别为 username 不为空和 realname 不为空，这两个参数不为空则满足条件，反之则为不满足条件。

当 username 不为空时，SQL 语句动态拼接第一个 when 元素的内容，查询用户信息时会根据 username 查询，具体拼接的 SQL 语句如示例代码 3-34 所示。

示例代码 3-34

SELECT `user`.id, `user`.username, `user`.`password`, `user`.remarks, `user`.role, `user`.realname, role.`name` FROM `user` INNER JOIN role ON `user`.role = role.id WHERE `user`.username = ?

当 realname 不为空时，SQL 语句动态拼接第二个 when 元素的内容，查询用户信息时会根据 realname 查询，具体拼接的 SQL 语句如示例代码 3-35 所示。

示例代码 3-35

SELECT `user`.id, `user`.username, `user`.`password`, `user`.remarks, `user`.role, `user`.realname, role.`name` FROM `user` INNER JOIN role ON `user`.role = role.id WHERE `user`. realname = ?

当 when 元素的两个条件都不满足时，即 username 和 realname 都为空，则会执行 otherwise 元素中的内容，查询用户信息时会根据 id 查询，具体拼接的 SQL 语句如示例代码 3-36 所示。

示例代码 3-36

SELECT `user`.id, `user`.username, `user`.`password`, `user`.remarks, `user`.role, `user`.realname, role.`name` FROM `user` INNER JOIN role ON `user`.role = role.id WHERE `user`.id = 1

3. where 元素

通过以上案例基本了解到动态 SQL 如何使用，再进一步可以发现在示例代码 3-33 中 select 元素的 SQL 语句中有"where 1=1"这个条件，如果不加这个条件，SQL 语句会因为 SQL 语句不完整而导致查询错误，此时可以使用动态 SQL 的 where 元素避免此种情况的发生。可将示例代码 3-33 改为如示例代码 3-37 所示代码。

示例代码 3-37

```xml
<select id="findUser" resultType="User">
    SELECT
    `user`.id,
    `user`.username,
    `user`.`password`,
    `user`.remarks,
    `user`.role,
    `user`.realname,
    role.`name`
    FROM
    `user`
    INNER JOIN role ON `user`.role = role.id
    <where>
        <choose>
            <when test="username != null">
                and `user`.username = #{username}
            </when>
            <when test="realname != null">
                and `user`.realname = #{realname}
            </when>
            <otherwise>
                and `user`.id = 1
            </otherwise>
        </choose>
    </where>
</select>
```

上述代码将示例代码 3-33 中 select 元素中的"where 1=1"这个条件，改为 where 元素，使 SQL 语句在拼接时更自然。使用 where 元素时，SQL 语句会根据对应的条件进行查询，如果所有条件都不满足，则会查询所有的信息。

在 MyBatis 中的 where 元素可以用于只有一个或一个以上的 if 条件有值时才插入 where 语句，并且它可以动态地去除查询语句中的"and"和"or"。

4. set 元素

set 元素可以代替 SQL 语句中的 set 关键字。set 元素一般在动态更新语句时使用，set 语句可以包含需要更新的列。Mapper 配置文件代码如示例代码 3-38 所示。

示例代码 3-38

```xml
<update id="updateUser" parameterType="User">
    update user
    <set>
        username=#{username},password=#{password},remarks=#{remarks},role=#{role},realname=#{realname}
    </set>
    where id=#{id}
</update>
```

上述代码使用 set 元素代替 SQL 语句中的 set 关键字。使用 set 元素时，它会动态设置 set 关键字并消除语句中无关的符号。如果某属性传递的参数为空时，则该属性不进行更新，保持数据库原有的值。例如上述代码中 remarks 属性传递的参数为空时，则不会更新改属性的参数值。

5. foreach 元素

当要对集合进行遍历时，使用的是 foreach 元素，通常用于构建 IN 语句。foreach 元素的属性主要有 item、index、collection、open、separator 和 close，其属性和意义如表 3-8 所示。

表 3-8 foreach 可配置属性

属性名	意义
item	表示集合中每一个元素进行迭代时的别名
index	指定一个名字，用于表示在迭代过程中每次迭代到的位置
collection	用于指定传入参数的类型。该属性是必须指定的
open	表示该语句以什么开始
separator	表示在每次进行迭代之间以什么符号作为分隔符
close	表示该语句以什么结束

foreach 元素的 Mapper 配置文件代码如示例代码 3-39 所示。

示例代码 3-39

```xml
<select id="findUserByIds" resultType="User">
    SELECT
        `user`.id,
        `user`.username,
        `user`.`password`,
        `user`.remarks,
        `user`.role,
```

```
            `user`.realname
        FROM
            `user`
        WHERE id in
        <foreach item="id" index="index" collection="list" open="(" separator=","
close=")">
            #{id}
        </foreach>
    </select>
```

如示例代码 3-39 所示，当传入多个 id 时，foreach 元素会循环遍历出每一个 id 的值。在测试时传入 3 个 id，具体拼接的 SQL 语句如示例代码 3-40 所示。

示例代码 3-40

SELECT `user`.id, `user`.username, `user`.`password`, `user`.remarks, `user`.role, `user`.realname FROM `user` WHERE id in (? , ? , ?)

foreach 元素的功能非常强大，还可以指定一个集合，用集合来遍历声明元素内的集合和索引。

6.bind 元素

在 MyBatis 中可以使用 bind 元素从 OGNL 表达式中创建一个变量，并且将它绑定在上下文中，bind 元素的使用代码如示例代码 3-41 所示。

示例代码 3-41

```
<select id="findUserByUsername" parameterType="String" resultType="User">
    <bind name="username" value="'%' + _parameter + '%'" />
    SELECT * FROM `user` WHERE username LIKE #{username}
</select>
```

上述代码中的 _parameter 为 MyBatis 动态 SQL 的内置参数，当传入的参数为单个参数时，_parameter 代表整个参数；当传入的参数为多个参数时，参数会被封装为一个 Map，_parameter 代表整个参数则代表这个 Map。这里使用 bind 元素创建了 username 变量，_parameter 表示传递进来的参数，与"%"连接后赋值给 username，SQL 语句根据赋值后的 username 进行模糊查询。

技能点 3　MyBatis 注解

1. Annotation 注解

在前面的学习中了解到 MyBatis 的配置都是由 XML 文件完成的。大量的 XML 配置显得十分繁琐，因此 MyBatis 提供了基于注解的配置方式，可以对冗余代码进行简化。注解方式使用于接口类中的方法，可以代替 Mapper 映射文件中的 SQL 配置。表 3-9 是常用的 Annotation 注解和对应的 XML 标签。

表 3-9　常用的 Annotation 注解与其对应的 XML 标签

注解	对应的 XML 标签	描述
@Select @Insert @Delete @Update	\<select> \<insert> \<delete> \<update>	执行 SQL 语句的注解。使用字符串或字符串数组添加 SQL 语句
@SelectProvider @InsertProvider @DeleteProvider @UpdateProvider	\<select> \<insert> \<delete> \<update>	调用存放 SQL 语句类中的方法，完成 SQL 语句的执行。根据 type 和 method 方法指定要调用的类和方法
@Result	\<result>	表示属性与列的结果映射
@Results	\<resultMap>	结果映射的数组
@One	\<association>	复杂类型的单独属性值映射
@Many	\<collection>	复杂类型的集合属性映射
@Param	无	命名参数的注解
@Options	无	提供附加的配置选项

（1）基础的增删改查 SQL 注解

在诸多的 MyBatis 注解中，@Select、@Insert、@Delete 和 @Update 用来配置最基本的增删改查。每个注解都会执行一个 SQL 指令，对 user 表进行操作。使用注解时，将 SQL 指令直接用字符串或字符串数组的形式添加在注解中即可。

①@Select

执行查询的 SQL 语句注解，Select 注解的使用代码如示例代码 3-42 所示。

示例代码 3-42

@Select("SELECT * FROM USER")

②@Insert

执行插入的 SQL 语句注解，Insert 注解的使用代码如示例代码 3-43 所示。

示例代码 3-43

@Insert("INSERT INTO user(username,password,remarks,role,realname) VALUES (#{username},#{password},#{remarks},#{role},#{realname})")

③ @Delete

执行删除的 SQL 语句注解，Delete 注解的使用代码如示例代码 3-44 所示。

示例代码 3-44

@Delete("delete from user where id=#{id}")

④ @Update

执行更新的 SQL 语句注解，Update 注解的使用代码如示例代码 3-45 所示。

示例代码 3-45

@Update("update user set username=#{username},password=#{password},remarks=#{remarks},role=#{role},realname=#{realname} where id=#{id}")

在上述注解所配置的 SQL 中，其中"#{}"作用与在 XML 映射文件中配置 SQL 时的作用相同，作为参数的占位符。

（2）调用配置类中的增删改查 SQL 注解

MyBatis 的 Provider 系列注解主要用来获取一个 SQL 语句，它直接作用在接口的一个基本方法上，其中每个注解需要指定两个属性：type 和 method。type 属性指定一个类，该类就是存放 SQL 语句的类，method 属性用于指定类中的方法。接下来对四个 Provider 注解进行讲解。

① @SelectProvider

Select 语句的动态 SQL 映射，SelectProvider 注解的使用代码如示例代码 3-46 所示。

示例代码 3-46

@SelectProvider(type= TestProvider.class, method="findUserList")

② @InsertProvider

Insert 语句的动态 SQL 映射，InsertProvider 注解的使用代码如示例代码 3-47 所示。

示例代码 3-47

@InsertProvider(type= TestProvider.class, method="insertUser")

③@UpdateProvider

Update 语句的动态 SQL 映射，UpdateProvider 注解的使用代码如示例代码 3-48 所示。

示例代码 3-48

@ UpdateProvider (type= TestProvider.class, method="updateUser")

④@DeleteProvider

Delete 语句的动态 SQL 映射，DeleteProvider 注解的使用代码如示例代码 3-49 所示。

示例代码 3-49

@ DeleteProvider (type=TestProvider.class, method=" deleteUser ")

上述代码中"@SelectProvider(type= TestProvider.class, method="findUserList")"表示调用 TestProvider.class 类中的 findUserList () 方法中的 SQL 语句。

TestProvider. findUserList() 方法代码如示例代码 3-50 所示。

示例代码 3-50

```java
public class TestProvider {
    public String findUserList (long userId) {
        return "select * from user where userId=" + userId;
    }
}
```

（3）其他 Annotation 注解

①@Result 注解

表示属性与列的结果映射。它的属性包括 id、column、property、javaType、jdbcType、type-Handler、one 和 many，其中 id 属性是一个 Boolean 类型的变量，id=true 表示"id"字段是一个主键。具体配置如示例代码 3-51 所示。

示例代码 3-51

@Result(id=true, property = "id", column = "id", javaType = String.class, jdbcType = JdbcType.VARCHAR)

②@Results 注解

结果映射的数组，就是多个 @Result 组成的数组。代码如示例代码 3-52 所示。

示例代码 3-52

@ Results ({
  @Result(id=true, property = "id", column = "id", javaType = String.class, jdbcType = JdbcType.VARCHAR),
  @Result(property = "name", column = "name", javaType = String.class, jdbcType = JdbcType.VARCHAR),

```
……
})
```

③@Param 注解

这个注解通常在映射器需要多个参数时使用,定义参数在 SQL 语句中的名称。如在一个参数前添加 @Param("id"),SQL 语句中对应的参数应被命名为 #{id}。在不使用 @Param 注解时,默认为参数会按照它们的顺序位置对应 SQL 语句中的参数。具体配置如示例代码 3-53 所示。

示例代码 3-53

```
User findUserList (@Param("id") int id) {
…
}
```

④@Options 注解

提供附加的配置选项。这个注解提供访问交换和配置选项的范围。具体配置如示例代码 3-54 所示。

示例代码 3-54

```
@Options(useCache = true, flushCache = false, timeout = 2000)
```

在上述代码中,"userCache=true"表示本次查询结果将会被缓存;"flushCache=false"表示下次查询时不刷新缓存;"timeout=2000"表示查询将结果缓存 2 秒。@Options 注解通常在映射语句上作为属性出现,该注解提供连贯清晰的方式访问映射语句。

⑤@One 注解

单独属性值映射。使用时,必须指定 select 属性,用于表示映射器方法的完全限定名,在此映射器方法的返回类型中,必须有此 Result 所指定的属性。它可以加载合适类的实例,通常用于复杂关系的关联映射,如一对一、一对多映射关系。如技能点一中一对一关联查询。代码如示例代码 3-55 所示。

示例代码 3-55

```
@Select("SELECT * FROM order WHERE id = #{id}")
@Results({
    @Result(id=true, column="id", property="id"),
    ……
    @Result(property="customer", column="customer",
    one=@One(select="com.mybatis.dao.OrderCustomerDao.getCustomer"))
})
```

⑥@Many 注解

集合属性映射。使用时，必须指定 select 属性，用于表示映射器方法的完全限定名。它可以加载合适类的一组实例，通常用于复杂关系的关联映射，如多对一、多对多关系，如技能点一中一对多关联查询。代码如示例代码 3-56 所示。

示例代码 3-56

```
@Select("SELECT * FROM customer WHERE id = #{id}")
@Results({
    @Result(id=true, column="id", property="id"),
    ……
    @Result(property="orderinfo", column="orderinfo",
    many=@Many(select="com.mybatis.dao.OrderCustomerDao.getCustomer"))
})
```

2. Annotation 注解的使用

接下来将上一章用户管理模块的案例改为注解方式实现，使用该案例来介绍 Annotation 部分注解的使用。首先配置 mybatis-config.xml 和 log4j 日志文件。前面已经介绍过，在此不再赘述。

使用注解方式实现时，不再需要 UserMapper.xml 配置文件，只需要把注解配置到 DAO 层接口的方法上即可。具体配置如示例代码 3-57 所示。

示例代码 3-57

```
// 查询所有用户信息
@Select("SELECT `user`.id,`user`.username,`user`.realname,    role.`name`,`user`.remarks FROM `user` INNER JOIN role ON `user`.role = role.id")
public List<User> findUserList();

// 通过 id 查询用户信息
@Select("SELECT `user`.id,`user`.username,`user`.realname,    role.`name`,`user`.remarks FROM `user` INNER JOIN role ON `user`.role = role.id WHERE `user`.id = #{id}")
public User findUserById(int id);

// 添加用户信息
@Insert("INSERT INTO user(username,password,remarks,role,realname) VALUES (#{username},#{password},#{remarks},#{role},#{realname})")
public void insertUser(User user);

// 更新用户信息
```

```
@Update("update user set username=#{username},password=#{password},re-
marks=#{remarks},role=#{role},realname=#{realname} where id=#{id}")
public void updateUser(User user);

// 删除用户信息
@Delete("delete from user where id=#{id}")
public void deleteUser(int id);
```

调用测试类中对应的增删改查方法，执行对应的命令，可以对数据进行相应的操作，将信息显示在控制台上。控制台输出结果如图 3-10 至 3-14 所示。

```
DEBUG [main] - <==      Total: 7
[User [id=1, username=Jo, password=null, remarks=, role=null, realname=乔]
, User [id=3, username=Catherine, password=null, remarks=null, role=null, realname=凯瑟琳]
, User [id=4, username=George, password=null, remarks=null, role=null, realname=乔治]
, User [id=5, username=Charlotter, password=null, remarks=null, role=null, realname=夏洛特]
, User [id=6, username=Gracie, password=null, remarks=null, role=null, realname=格雷]
, User [id=7, username=Alice, password=null, remarks=null, role=null, realname=爱丽丝]
, User [id=8, username=Quinn, password=null, remarks=实习, role=null, realname=奎因]
]
```

图 3-10　findUserList() 执行结果

```
DEBUG [main] - <==      Total: 1
User [id=1, username=Jo, password=null, remarks=, role=null, realname=乔]
```

图 3-11　findUserById() 执行结果

```
DEBUG [main] - <==      Updates: 1
DEBUG [main] - Committing JDBC Connection [com.mysql.jdbc.JDBC4Connection@1e397ed7]
```

图 3-12　insertUser() 执行结果

```
DEBUG [main] - <==      Total: 1
DEBUG [main] - PooledDataSource forcefully closed/removed all connections.
DEBUG [main] - PooledDataSource forcefully closed/removed all connections.
DEBUG [main] - PooledDataSource forcefully closed/removed all connections.
DEBUG [main] - PooledDataSource forcefully closed/removed all connections.
DEBUG [main] - Opening JDBC Connection
DEBUG [main] - Created connection 329645619.
DEBUG [main] - Setting autocommit to false on JDBC Connection [com.mysql.jdbc.JDBC4C
DEBUG [main] -  ==>  Preparing: update user set username=?,password=?,remarks=?,role=
DEBUG [main] -  ==> Parameters: Jo(String), 88888888(String), (String), 1(String), 乔
DEBUG [main] - <==      Updates: 1
DEBUG [main] - Committing JDBC Connection [com.mysql.jdbc.JDBC4Connection@13a5fe33]
```

图 3-13　updateUser 执行结果

```
DEBUG [main] - <==      Updates: 1
DEBUG [main] - Committing JDBC Connection [com.mysql.jdbc.JDBC4Connection@1e397ed7]
```

图 3-14　deleteUser() 执行结果

提示：使用注解同样也可以实现关联映射。不同的是，注解的关联映射不需要通过 XML 文件配置，而是依赖不同的注解实现。

关联映射的实现主要通过 @One、@Many、@Results、@Result 和 @Select 几个注解。

通过使用 @One 和 @Many 注解，可以确定映射关系。合理搭配这些注解就可以实现数据之间的关联映射，在这里不做过多的介绍。

在技能点的学习过程中，了解了 MyBatis 框架的关联映射、动态 SQL 以及配置文件的详解，学习了 association 联合元素和 collection 聚集元素实现一对一、一对多的关联映射以及动态 SQL 中各个元素的使用方法，接下来就使用本章所学的关联映射，完成用户表和角色表的关联查询，并在控制台显示用户的基本信息及用户所属角色。

1. 拓展业务需求

上一章中，使用内连接方式在控制台输出了用户的基本信息，但物料订单管理系统中用户管理模块中除了显示用户的基本信息，还需要显示用户所属的角色，并可以对信息进行增加、修改、删除等操作。

2. 数据库介绍

数据库表使用上一章任务中创建的 user 表和 role 表，实体图如图 3-15 所示。

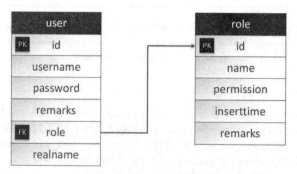

图 3-15　用户角色实体图

3. 设计流程

创建完成数据库后，按照 MyBatis 框架的运行流程，编写各级文件，在编写过程中最为重要的是 SQL 语句的编写，项目流程如图 3-16 所示。

第三章　项目持久化框架高级应用　　85

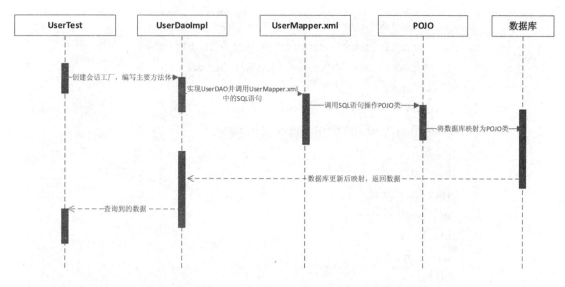

图 3-16　编写流程

4. 主要代码

本任务使用一对多关联映射查询用户信息，同时关联查询用户所属角色。主要代码如示例代码 3-58 所示。

示例代码 3-58

```xml
<mapper namespace="com.mybatis.dao.UserDao">
<!-- 使用 parameterType 属性指明查询时使用的参数类型，resultType 属性指明查询返回的结果集类型 -->
    <resultMap type="User" id="userList">
    <!-- 完成用户信息的映射配置 -->
        <id column="id" property="id"/>
        <result column="username" property="username"/>
        <result column="password" property="password"/>
        <result column="remarks" property="remarks"/>
        <result column="role" property="role"/>
        <result column="realname" property="realname"/>
        <!-- 接下来完成关联客户信息的映射 -->
        <association property="roles" javaType="Role">
            <!-- id: 关联信息的唯一标识 -->
            <!-- property: 要映射到 role 的哪个属性中 -->
            <id column="id" property="id"/>
            <!-- result 就是普通列的映射 -->
            <result column="name" property="name"/>
```

```xml
            <result column="permission" property="permission"/>
            <result column="inserttime" property="inserttime"/>
            <result column="remarks" property="remarks"/>
        </association>
    </resultMap>
    <select id="findUserList" resultMap="userList">
        SELECT
        `user`.id,
        `user`.username,
        `user`.realname,
        role.`name`,
        `user`.remarks
        FROM
        `user`
        INNER JOIN role ON `user`.role = role.id
    </select>
</mapper>
```

5. 预期结果

编码工作结束后，进行单元测试，确认编写无误，最终映射的 list 集合中每一条数据存放了用户的基本信息以及所属角色，结果如图 3-17 所示。

id	username	password	remarks	role	realname
1	Harry	111111111	(Null)	高级管理员	哈利
2	Kate	222222222	实习	初级管理员	凯特
3	Catherine	333333333	(Null)	高级管理员	凯瑟琳
4	George	444444444	(Null)	初级管理员	乔治
6	Gracie	666666666	(Null)	初级管理员	格雷西
7	Alice	777777777	(Null)	高级管理员	爱丽丝
8	Quinn	888888888	实习	初级管理员	奎因
13	Cindy	999999999	实习	初级管理员	辛迪

图 3-17　测试结果

本章主要介绍了 MyBatis 的进阶知识,包括 MyBatis 的关联映射、动态 SQL 和 MyBatis 注解,并且使用 MyBatis 的动态 SQL 完成了物料订单管理系统用户管理模块,以及角色与用户的复杂查询。

第四章　项目业务框架应用

通过实现物料订单管理系统中的菜单栏静态页面，了解 Spring MVC 注解的使用范围和方法，熟悉 Spring MVC 框架的搭建及执行流程，具有独立搭建及使用 Spring MVC 框架的能力。在本章学习过程中：

- 了解 Spring MVC 注解的使用方式。
- 熟悉 Spring MVC 开发的执行流程。
- 了解物料订单管理系统中菜单栏业务需求。
- 具有实现物料订单管理系统中菜单栏的静态页面的能力。

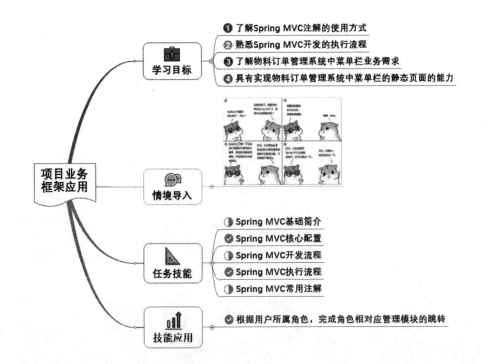

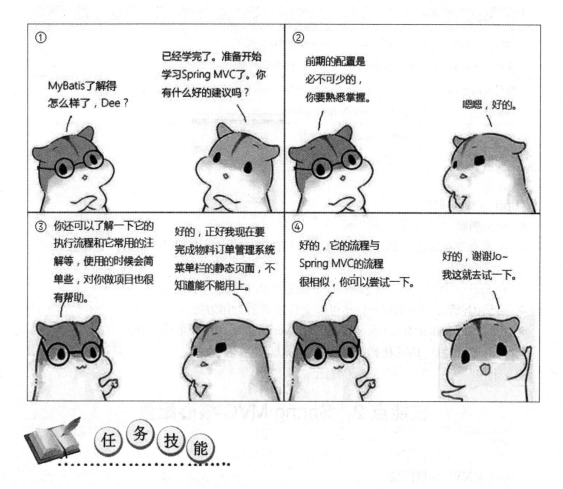

技能点 1　Spring MVC 基础简介

　　Spring MVC 是一个典型的 MVC 架构的框架，MVC 架构是一种软件设计模式，分为三部分：模型、视图和控制器，具有可移植性、低耦合性、高重用性、部署快以及可维护性高等优点。使用 MVC 框架可以简化分组开发，有助于管理复杂的应用程序。

1.Spring MVC 介绍

　　Spring MVC 是 Spring 框架提供的用于构建 Web 应用程序的全功能 MVC 模块，它通过实现 MVC 架构模式将数据、业务与视图进行分离，属于 Spring Framework 的后续产品，是一种基于 Java 实现 Web MVC 设计模式的轻量级 Web 框架。

　　Spring MVC 具有清晰的角色划分，每一个角色都可以由一个专门的对象来实现。角色划分如表 4-1 所示。

表 4-1 Spring MVC 的角色划分

角色	名称
前端控制器	DispatcherServlet 由 Spring MVC 提供
处理器映射器	HandlerMapping 由 Spring MVC 提供
处理器适配器	HandlerAdapter 由 Spring MVC 提供
视图解析器	ViewResolver 由 Spring MVC 提供
处理器	Handler 需要程序员开发
视图页面	View 需要程序员开发

2.Spring MVC 的优点
- 分工明确,而且扩展点相当灵活。
- 由于命令对象就是 POJO,无需继承框架特定 API,所以可以使用命令对象直接作为业务对象。
- 和 Spring 等其他框架无缝集成,是其他 Web 框架所不具备的。
- 可适配,通过 HandlerAdapter 可以支持任意的类作为处理器。
- 可定制,HandlerMapping 和 ViewResolver 等能够非常简单地定制。
- 具有数据验证、格式化和绑定机制等强大功能。

技能点 2　Spring MVC 核心配置

1. Spring MVC 加载配置

Spring MVC 的核心是 DispatcherServlet,DispatcherServlet 实质上是一个 Servlet,所有被 Spring MVC 拦截的请求都将通过它来进行分配。因此需要在 web.xml 中进行相应的配置,来使其生效。web.xml 配置代码如示例代码 4-1 所示。

```
示例代码 4-1
<servlet>
    <servlet-name>springmvc</servlet-name>
    <!-- 加载 Spring MVC 核心 DispatcherServlet -->
    <servlet-class>org.springframework.web.servlet.DispatcherServlet
    </servlet-class>
    <!-- 加载 Spring MVC 配置 -->
    <init-param>
```

```
        <param-name>contextConfigLocation</param-name>
        <param-value>classpath:springmvc.xml</param-value>
    </init-param>
</servlet>
<servlet-mapping>
    <servlet-name>springmvc</servlet-name>
    <url-pattern>/</url-pattern>
</servlet-mapping>
```

需要注意：当配置 DispatcherServlet 的拦截映射路径（<url-pattern> 属性）时，可配置为"/"，代表应用程序中的所有请求全部交由 Spring MVC 解析，但这种配置无法对静态资源进行解析。所以一般将其配置为"*.do"或"*.action"，代表将所有扩展名为".do"或".action"的 URL 请求交由 Spring MVC 解析，其他的不以这些为后缀的请求将不会被 Spring MVC 处理。

DispatcherServlet 的初始化需要在配置文件中设置一些参数，可以在 web.xml 中通过 <init-param> 来指定其配置核心文件，其中 <param-name> 节点配置的值"contextConfigLocation"为参数名称，用于指定配置文件路径，而 <param-value> 配置值则是 Spring MVC 核心配置文件的路径。其中 classpath 指代项目的应用程序文件夹（WEB-INF），若不进行此配置，则自动在应用程序文件夹下查找匹配文件名为 [servlet-name]-servlet.xml 的配置文件，因此默认查找的就是 springmvc-servlet.xml 文件。

2. 核心配置文件

在 Spring MVC 的核心配置文件 springmvc.xml 中，需要配置 Spring MVC 架构三大组件（处理器映射器、处理器适配器、视图解析器）以及要执行的 Handler。配置信息如图 4-1 所示。

```
 1  <beans xmlns="http://www.springframework.org/schema/beans"
 2     xmlns:xsi="http://www.w3.org/2001/XMLSchema-instance" xmlns:mvc="http://www.springframework.org/schema/mvc"
 3     xmlns:context="http://www.springframework.org/schema/context"
 4     xmlns:aop="http://www.springframework.org/schema/aop" xmlns:tx="http://www.springframework.org/schema/tx"
 5     xsi:schemaLocation="http://www.springframework.org/schema/beans
 6         http://www.springframework.org/schema/beans/spring-beans-3.2.xsd
 7         http://www.springframework.org/schema/mvc
 8         http://www.springframework.org/schema/mvc/spring-mvc-3.2.xsd
 9         http://www.springframework.org/schema/context
10         http://www.springframework.org/schema/context/spring-context-3.2.xsd
11         http://www.springframework.org/schema/aop
12         http://www.springframework.org/schema/aop/spring-aop-3.2.xsd
13         http://www.springframework.org/schema/tx
14         http://www.springframework.org/schema/tx/spring-tx-3.2.xsd ">
15     <bean class="处理器映射器"/>
16     <bean class="处理器适配器"/>
17     <bean class="视图解析器"/>
18     <bean id="bean的id" name="访问路径" class="Handler（Controller）类全限定名"/>
19  </beans>
```

图 4-1 springmvc.xml 配置信息

（1）处理器映射器

配置 BeanNameUrlHandlerMapping，根据请求的 URL 匹配 Spring 容器中 bean 的 name，找到对应的 Handler。所有处理器映射器都实现 HandlerMapping 接口。配置代码如示例代码 4-2 所示。

示例代码 4-2

```xml
<!-- 根据bean的name进行查找Handler将action的URL配置在bean的name中 -->
<bean class="org.springframework.web.servlet.handler.BeanNameUrlHandlerMapping"/>
```

（2）处理器适配器

在 springmvc.xml 配置适配器中，所有的适配器都实现了 HandlerAdapter 接口。Spring MVC 默认的处理器适配器为 SimpleControllerHandlerAdapter，用于执行 Handler（Controller），即所有实现 org.springframework.web.servlet.mvc.Controller 接口或使用 @Controller 注解的 bean 都可以作为 Spring MVC 的处理器。配置代码如示例代码 4-3 所示。

示例代码 4-3

```xml
<!-- 配置处理器适配器 -->
<bean class="org.springframework.web.servlet.mvc.SimpleControllerHandlerAdapter"/>
```

（3）视图解析器

配置视图解析，用于解析 JSP 视图。配置代码如示例代码 4-4 所示。

示例代码 4-4

```xml
<!-- 配置视图解析器 -->
<bean class="org.springframework.web.servlet.view.InternalResourceViewResolver"></bean>
```

（4）Handler 配置

Spring MVC 要执行的 Handler 的配置代码如示例代码 4-5 所示。

示例代码 4-5

```xml
<bean id="ItemsController" name="/itemsList.action"
    class="com.spring.controller.ItemsController"/>
```

Spring MVC 核心配置文件至此已经配置完成。示例代码如示例代码 4-6 所示。

示例代码 4-6

```xml
<beans xmlns="http://www.springframework.org/schema/beans"
    xmlns:xsi="http://www.w3.org/2001/XMLSchema-instance"  xmlns:mvc="http://www.springframework.org/schema/mvc"
    xmlns:context="http://www.springframework.org/schema/context"
    xmlns:aop="http://www.springframework.org/schema/aop" xmlns:tx="http://www.springframework.org/schema/tx"
    xsi:schemaLocation="http://www.springframework.org/schema/beans
        http://www.springframework.org/schema/beans/spring-beans-3.2.xsd
```

```
                http://www.springframework.org/schema/mvc
                http://www.springframework.org/schema/mvc/spring-mvc-3.2.xsd
                http://www.springframework.org/schema/context
                http://www.springframework.org/schema/context/spring-context-3.2.xsd
                http://www.springframework.org/schema/aop
                http://www.springframework.org/schema/aop/spring-aop-3.2.xsd
                http://www.springframework.org/schema/tx
                http://www.springframework.org/schema/tx/spring-tx-3.2.xsd ">
                <!-- 配置 Handler -->
                <bean id="ItemsController" name="/itemsList.action" class="com.spring.controller.ItemsController"/>
                <!-- 处理器映射器 -->
                <bean class="org.springframework.web.servlet.handler.BeanNameUrlHandlerMapping"/>
                <!-- 处理器适配器 -->
                <bean class="org.springframework.web.servlet.mvc.SimpleControllerHandlerAdapter"/>
                <!-- 视图解析器 -->
                <bean class="org.springframework.web.servlet.view.InternalResourceViewResolver"></bean>
    <!--Spring MVC 核心配置文件也可以对数据库连接、连接池和属性文件加载等进行配置 -->
```

技能点 3　Spring MVC 开发流程

1. 环境准备

首先要将 Spring MVC 所需的 jar 包导入到项目内。Spring MVC 所需 jar 包如表 4-2 所示。

表 4-2　Spring MVC 所需 jar 包

jar 包	含义
spring-aop-3.2.0.RELEASE.jar	提供使用 Spring 的 AOP 时所需的类和源码级元数据支持
spring-aspects-3.2.0.RELEASE.jar	提供对 AspectJ 的支持

续表

jar包	含义
spring-beans-3.2.0.RELEASE.jar	包含访问配置文件、创建和管理bean以及进行Inversion of-Control/Dependency Injection（IoC/DI）操作相关的所有类
spring-context-3.2.0.RELEASE.jar	为Spring核心提供了大量扩展
spring-context-support-3.2.0.RELEASE.jar	包含支持缓存Cache（ehcache）等类
spring-core-3.2.0.RELEASE.jar	包含Spring框架基本的核心工具类
spring-expression-3.2.0.RELEASE.jar	Spring表达式语言
spring-jdbc-3.2.0.RELEASE.jar	包含对Spring对JDBC数据访问进行封装的所有类
spring-orm-3.2.0.RELEASE.jar	包含Spring对DAO特性集进行了扩展
spring-test-3.2.0.RELEASE.jar	对Junit等测试框架的简单封装
spring-tx-3.2.0.RELEASE.jar	为JDBC、Hibernate、JDO、JPA、Beans等提供的一致的声明式和编程式事务管理支持
spring-web-3.2.0.RELEASE.jar	包含Web应用开发时，用到Spring框架时所需的核心类
spring-webmvc-3.2.0.RELEASE.jar	包含Spring MVC框架相关的所有类

导入jar包后的项目结构示意图如图4-2所示。

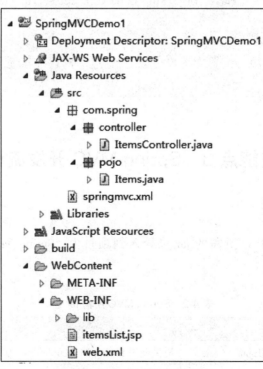

图4-2　Spring MVC工程结构

2. 开发流程

（1）配置文件

开发之前需要配置 web.xml 和 springmvc.xml 两个配置文件，具体的配置流程如示例代码 4-1 和示例代码 4-6 所示。

（2）Handler 编写

Handler 的实现方式有两种，第一种需要实现 Controller 接口，第二种是使用 @Controller 注解。Handler 中使用静态数据将信息显示在 JSP 页面上。实现 Controller 接口方式代码如示例代码 4-7 所示。

示例代码 4-7

```java
public class ItemController implements Controller {
    @Override
    public ModelAndView handleRequest(HttpServletRequest request,
            HttpServletResponse response) throws Exception {
        // 使用静态数据将商品信息列表显示在 JSP 页面
        // 商品列表
        List<Items> itemsList = new ArrayList<Items>();
        Items items_1 = new Items();
        items_1.setName(" 联想笔记本 ");
        items_1.setPrice(6000f);
        items_1.setCreatetime(new Date());
        items_1.setDetail("ThinkPad T430 联想笔记本电脑 ");

        Items items_2 = new Items();
        items_2.setName(" 苹果手机 ");
        items_2.setPrice(5000f);
        items_2.setDetail("iphone6 苹果手机！ ");

        itemsList.add(items_1);
        itemsList.add(items_2);

        ModelAndView modelAndView = new ModelAndView();
        modelAndView.addObject("itemsList", itemsList);
        // 指定转发的 JSP 页面
        modelAndView.setViewName("/WEB-INF/jsp/itemsList");
        return modelAndView;
    }
}
```

使用 @Controller 注解方式代码如示例代码 4-8 所示。

```
示例代码 4-8
@Controller
public class ItemController
    @Override
    public ModelAndView handleRequest(HttpServletRequest request,
        HttpServletResponse response) throws Exception {
        // 使用静态数据将商品信息列表显示在 JSP 页面
        // 省略商品列表部分代码
        // 省略指定转发的 JSP 页面部分代码
    }
}
```

（3）配置 Handler

在 springmvc.xml 配置 Handler 由 Spring 管理 Handler。配置代码如示例代码 4-9 所示。

```
示例代码 4-9
<!-- 配置 Handler 由于使用了 BeanNameUrlHandlerMapping 处理映射器，name 配置为 url -->
<bean id="itemController1" name="/itemList.action" class="com.spring.controller.ItemController" />
```

（4）工程部署

访问 "http://localhost:8080/SpringMVCDemo1/itemList.action" 界面如图 4-3 所示。

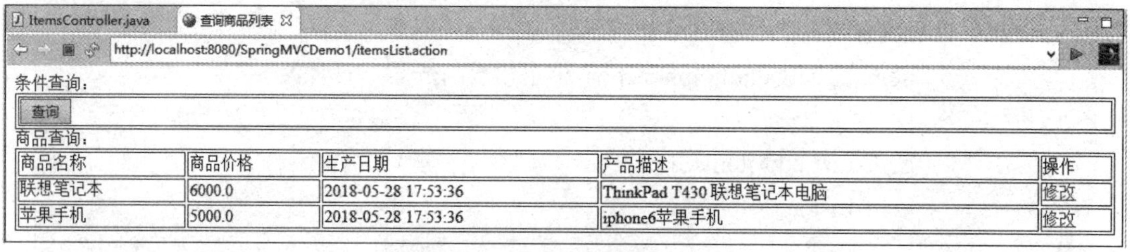

图 4-3　查询界面

技能点 4　Spring MVC 执行流程

在整个 Spring MVC 框架中，DispatcherServlet 处于核心位置，负责协调和组织不同组件以完成请求处理，并返回响应的工作。Spring MVC 处理请求过程的步骤如下。执行顺序如图 4-4 所示。

第四章　项目业务框架应用　　97

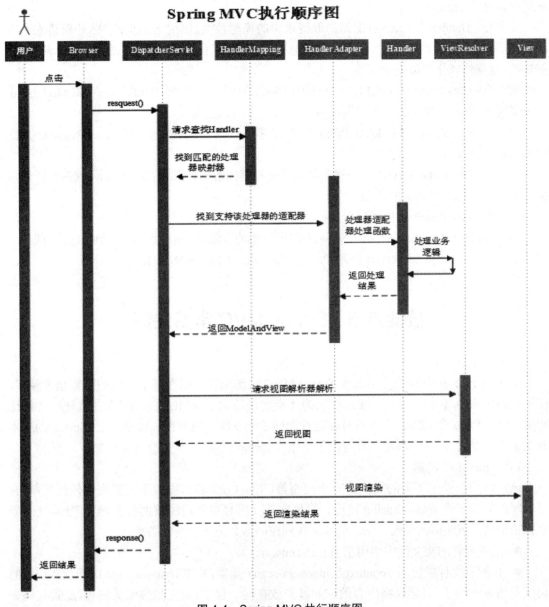

图 4-4　Spring MVC 执行顺序图

第一步：用户向服务器发起 request 请求，请求被 Spring MVC 的前端控制器 DispatcherServlet 截获。

第二步：DispatcherServlet 前端控制器对请求的 URL 进行解析，得到 URI（请求资源标识符），然后前端控制器根据该 URI 请求调用 HandlerMappings 处理器映射器查找 Handler。

第三步：获取到 Handler 配置的所有相关对象，其中包括 Handler 对象以及 Handler 对象对应的拦截器，这些都会被封装到一个 HandlerExecutionChain 对象中并返回给 DispatcherServlet 前端控制器。

第四步：DispatcherServlet 前端控制器根据获得的 Handler，选择一个合适的 HandlerAdapter 适配器处理 Handler。

第五步:HandlerAdapter 适配器提取请求中的模型数据,调用 Handler 实际处理请求的方法。在填充 Handler 的过程中,根据配置信息 Spring 框架将做额外的工作,例如:消息转换、数据转换、数据格式化和数据验证等。

第六步:Handler 执行完成后,向 HandlerAdpter 返回一个 ModelAndView 对象,ModelAndView 对象中应该包含视图名或视图模型。

第七步:根据返回的 ModelAndView 对象,选择一个合适的视图解析器 ViewResolver 返回给 DispatcherServlet。

第八步:DispatcherServlet 调用视图解析器进行视图解析,解析后生成 view,视图解析器根据逻辑视图名解析出真正的视图。

第九步:ViewResolver 视图解析器给前端控制器返回 view。

第十步:DispatcherServlet 调用 view 的渲染视图的方法,将模型数据填充到 request 域。

第十一步:DispatcherServlet 向用户响应结果(JSP 页面、JSON 数据)。

技能点 5　Spring MVC 常用注解

从 Spring2.5 开始 Spring 引入了 Spring MVC 注解功能。现在基于注解的配置越来越多,使用注解配置也越来越流行。注解最大的优点就是简化了 XML 文件配置,并且使用注解比 XML 文件更为安全,XML 文件只有在运行期间才能发现问题所在。迄今为止,Spring 的版本发生了许多变化,但是注解却一直延续了下来。Spring MVC 的常用注解介绍如下。

1.@Controller 注解

该注解用于表示该类的实例是一个控制器,用 @Controller 注解不需要实现任何接口,它可以同时处理多个请求。Spring 使用扫描机制查找项目中使用注解的控制器类,分发处理器会扫描使用了该注解的类的方法。Spring 找到控制器必须满足两个条件:

● 配置文件的头文件中引用了 spring-context。

● 在配置文件中使用 <context:component-scan> 元素,其中 base-package 用于设置扫描的包以及该包下的子包,建议将所有的控制器类放在同一包下,避免扫描无关的包,配置代码如示例代码 4-10 所示。

示例代码 4-10

```
<context:component-scan base-package="com.spring.controller"/>
```

使用 @Controller 注解注释类,代码如示例代码 4-11 所示。

示例代码 4-11

```
@Controller
public class TestController {
```

```
    ……
    }
```

TestController 是一个控制器类，在 TestController 类中使用 @Controller 注解，Spring 就会扫描到该控制器类。

2. @RequestMapping 注解

@RequestMapping 是一个处理请求的注解，一般用在类或方法上。该注解在类上时表示该类中所有响应请求的方法都以该地址作为父路径，作用在方法上时表示在类的父路径下追加方法上注解中的地址来访问该方法。@RequestMapping 注解有六个属性，如表 4-3 所示。

表 4-3 @RequestMapping 的属性

属性	类型	作用	备注
value	String[]	指定实际请求路径。将请求和方法一一对应	如果 @RequestMapping 至少有一个属性时，必须写上 value 属性的名称
method	RequestMethod[]	映射指定请求的方法类型，如 GET、POST 等	当请求类型为空时，表示可以处理各种类型的请求
consumes	String[]	指定处理请求的提交内容类型	
produces	String[]	指定返回的内容类型	仅当 request 请求头中包含该类型时，才会调用该方法处理请求
params	String[]	指定 request 中包含某些参数时，才调用该方法处理	
headers	String[]	指定 request 中包含某些 headers 时，才调用该方法处理	

使用 @RequestMapping 注释方法，代码如示例代码 4-12 所示。

示例代码 4-12

```
@RequestMapping(value="/test ",method = RequestMethod.POST)
    public String test() {
        return…;
    }
```

以上示例代码中，将 @RequestMapping 的 value 属性的值映射到方法上，访问"http://localhost:8080/ 项目名 /test"地址时就会在 test() 方法中进行处理。method 属性指定访问的方式，RequestMethod.POST 表示该方法只处理 POST 请求。

3.@RequestParam 注解

@RequestParam 注解主要用于将请求参数赋给方法中的形参，常用属性如表 4-4 所示。

表 4-4　@RequestParam 属性

属性	类型	说明
name	String	请求的名称
value	String	name 的别名
required	boolean	参数是否有必要绑定
defaultValue	String	未传入参数时的默认值

使用 @RequestParam 注解请求处理的方法可以是基本数据类型，代码如示例代码 4-13 所示。

示例代码 4-13

```
@RequestMapping(value="/testParam")
public String login(@RequestParam("param") String param){
    return ...;
}
```

假设在请求"http://localhost:8080/ 项目名 /testParame?param =paramValue"发送时，会将参数值"paramValue"赋值给 param 变量。

4.@PathVariable 注解

@PathVariable 注解主要用于将 URL 中的变量映射到功能处理方法的形参上，即将 URL 变量取出作为参数，它只支持一个 String 类型的属性，代码如示例代码 4-14 所示。

示例代码 4-14

```
@RequestMapping(value="/findById/{productId}")
public Product findById(@PathVariable Integer productId){
    …
}
```

假设请求路径 URL 为"http://localhost:8080/Test/findById/1"，将 URL 中的变量值绑定到 @PathVariable 注解的同名参数上，即 productId 值将被赋值为 1。

使用 @PathVariable 注解，代码如示例代码 4-15 所示。

示例代码 4-15

```
@Controller
public class TestController {
    private static final Log logger= LogFactory.getLog(TestController.class);
    @RequestMapping(value="/user/{userId}")
    public String getLogin(@PathVariable("userId") String productId){
```

```
            logger.info(" 通过 @PathVariable 获得数据 "+userId);
            return "hello";
        }
    }
```

运行成功后,点击页面链接,发送请求将调用 getLogin() 方法,可以看到数据 1 被传递到方法中的参数并打印在控制台上。结果如图 4-5 所示。

```
[2018-02-28 04:16:57,952] Artifact SpringMVC:war exploded: Artifact is deployed successfully
[2018-02-28 04:16:57,953] Artifact SpringMVC:war exploded: Deploy took 9,555 milliseconds
userId=1
```

图 4-5 Spring MVC 控制台输出数据

5.@RequestHeader 注解

@RequestHeader 注解用于将请求 header 部分的参数绑定到方法参数中,@RequestHeader 注解可使用的属性如表 4-5 所示。

表 4-5 @RequestHeader 属性

属性	类型	说明
name	String	请求的名称
value	String	name 的别名
required	boolean	参数是否有必要绑定
defaultValue	String	未传入参数时的默认值

6.@CookieValue 注解

@CookieValue 注解用于将请求的 cookie 部分的值绑定到方法中的参数中,使用 @CookieValue 时可指定如表 4-6 中的一些属性。

表 4-6 @CookieValue 属性

属性	类型	说明
name	String	请求的名称
value	String	name 的别名
required	boolean	参数是否有必要绑定
defaultValue	String	未传入参数时的默认值

7.@SessionAttributes 注解

@SessionAttributes 注解可以指定 Model 中哪些属性可以存放到 HttpSession 对象中。该注解只能声明在类上,不能声明在方法上。@SessionAttributes 注解有以下几种属性可以使用,如表 4-7 所示。

表 4-7 @SessionAttributes 注解的几种属性

属性	类型	是否必要	说明
names	String[]	否	Model 中属性的名称，即存储在 HttpSession 中的属性名称
value	String[]	否	names 属性的别名
types	Class<?>[]	否	指示参数是否必须绑定

8.@ModelAttribute 注解

@ModelAttribute 注解将请求参数绑定到 Model 对象中，它只支持一个属性 value，类型为 Stirng，表示绑定的属性名称。@ModelAttribute 注解可以注释方法也可以注释参数。

@ModelAttribute 注解方法如下所示。

- @ModelAttribute 注释 void 返回值的方法。
- @ModelAttribute 注释返回具体类的方法。
- @ModelAttribute(value="") 注释返回具体类的方法。
- @ModelAttribute 和 @RequestMapping 同时注释一个方法。
- @ModelAttribute 注解注释参数。
- @ModelAttribute 注释一个方法的参数。

注意：被 @ModelAttribute 注解的方法，在这个控制器中不管其他任何一个方法被调用时，都会执行。

在技能点的学习过程中，掌握 Spring MVC 框架的基础知识、执行流程以及 Spring MVC 的注解，并开发了一个 Spring MVC 应用，接下来就使用本章所学的知识，完成物料订单管理系统的菜单栏显示。现阶段不连接数据库，实现过程中可以将菜单名称写为固定数据。

1. 拓展业务需求

用户登录系统后，系统根据用户所属的角色将权限显示相应菜单栏，用户点击菜单系统跳转到对应管理模块。

2. 设计流程

设计流程与 Spring MVC 的基本流程基本一致，流程如图 4-6 所示。

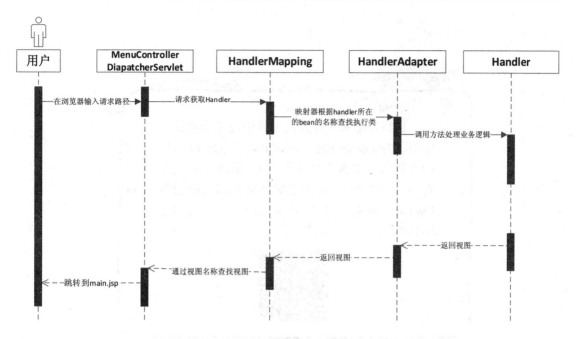

图 4-6　菜单栏设计流程

3. 预期结果

编码工作结束，进行测试，最终效果如图 4-7 所示。

图 4-7　菜单栏效果图

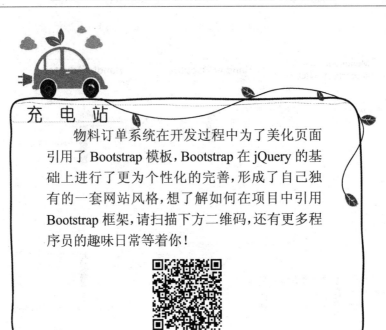

物料订单系统在开发过程中为了美化页面引用了 Bootstrap 模板，Bootstrap 在 jQuery 的基础上进行了更为个性化的完善，形成了自己独有的一套网站风格，想了解如何在项目中引用 Bootstrap 框架，请扫描下方二维码，还有更多程序员的趣味日常等着你！

本章中主要介绍了 Spring MVC 框架的相关知识，包括 Spring MVC 简介、Spring MVC 的开发流程与执行流程以及 Spring MVC 中的常用注解等知识。并且使用 Spring MVC 框架实现了物料订单管理系统菜单栏静态页面的设计。

第五章　网络打印机与移动终端管理模块实现

通过对 SSM 整合框架的学习以及物料订单管理系统中移动终端管理模块的实现,了解整合框架的步骤,熟悉整合框架过程中 XML 文件的配置,掌握在整合框架时常见错误的解决方案,具有使用完整框架对数据库进行操作的能力。在本章学习过程中:
- 了解 SSM 整合框架的操作步骤。
- 掌握 SSM 整合框架的配置。
- 了解物料订单管理系统移动终端管理模块的业务需求。
- 实现物料订单管理系统移动终端管理模块的功能。

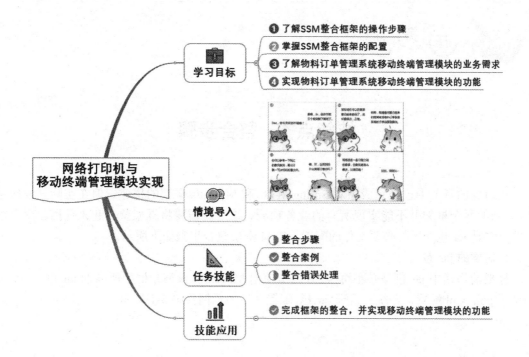

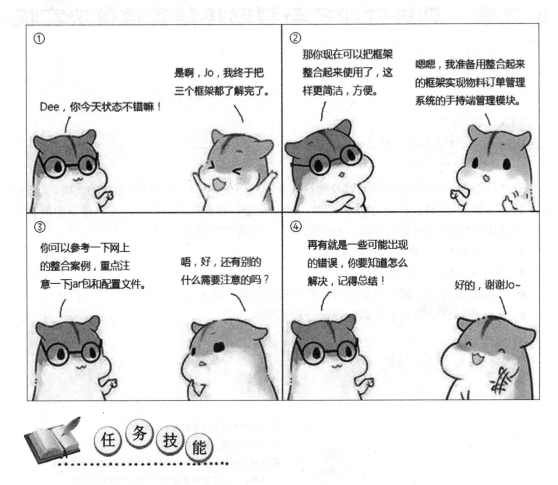

技能点 1　整合步骤

在前面的章节中已经完成了对 Spring MVC 和 MyBatis 框架的搭建。但在实际开发应用中，单独的两个框架并不能实现所有的业务功能。这时就需要将框架整合起来使用。整合框架的关键是 jar 包导入与必要文件的配置。SSM 框架整合步骤如下所示。

1. 需要的 jar 包

框架的搭建中 jar 包是必不可少的，这里使用 Maven 引入整合框架所需的 jar 包。Maven 中使用 pom.xml 配置文件统一管理 jar 包，配置文件如示例代码 5-1 所示。

示例代码 5-1

```xml
<properties>
    <!-- Spring 版本号 -->
    <spring.version>3.2.13.RELEASE</spring.version>
    <!-- MyBatis 版本号 -->
    <mybatis.version>3.4.1</mybatis.version>
    <!-- log4j 日志文件管理包版本 -->
    <log4j.version>1.2.17</log4j.version>
</properties>

<build>
<plugins>
    <plugin>
        <groupId>org.apache.maven.plugins</groupId>
        <artifactId>maven-compiler-plugin</artifactId>
        <version>3.1</version>
        <configuration>
            <source>1.8</source>
            <target>1.8</target>
        </configuration>
    </plugin>
</plugins>
</build>

    <dependencies>
        <dependency>
            <groupId>javax.servlet.jsp</groupId>
            <artifactId>jsp-api</artifactId>
            <version>2.1.3-b06</version>
            <scope>provided</scope>
        </dependency>
        <dependency>
            <groupId>javax.servlet</groupId>
            <artifactId>servlet-api</artifactId>
            <version>2.5</version>
            <scope>provided</scope>
        </dependency>
```

```xml
<!-- Spring 核心包 -->
<dependency>
    <groupId>org.springframework</groupId>
    <artifactId>spring-core</artifactId>
    <version>${spring.version}</version>
</dependency>

<dependency>
    <groupId>org.springframework</groupId>
    <artifactId>spring-web</artifactId>
    <version>${spring.version}</version>
</dependency>
<dependency>
    <groupId>org.springframework</groupId>
    <artifactId>spring-oxm</artifactId>
    <version>${spring.version}</version>
</dependency>
<dependency>
    <groupId>org.springframework</groupId>
    <artifactId>spring-tx</artifactId>
    <version>${spring.version}</version>
</dependency>

<dependency>
    <groupId>org.springframework</groupId>
    <artifactId>spring-jdbc</artifactId>
    <version>${spring.version}</version>
</dependency>

<dependency>
    <groupId>org.springframework</groupId>
    <artifactId>spring-webmvc</artifactId>
    <version>${spring.version}</version>
</dependency>
<dependency>
    <groupId>org.springframework</groupId>
    <artifactId>spring-aop</artifactId>
```

```xml
        <version>${spring.version}</version>
    </dependency>
    <dependency>
        <groupId>org.springframework</groupId>
        <artifactId>spring-context-support</artifactId>
        <version>${spring.version}</version>
    </dependency>

    <dependency>
        <groupId>org.springframework</groupId>
        <artifactId>spring-context</artifactId>
        <version>${spring.version}</version>
    </dependency>

    <dependency>
        <groupId>org.springframework</groupId>
        <artifactId>spring-test</artifactId>
        <version>${spring.version}</version>
    </dependency>
    <!-- MyBatis 核心包 -->
    <dependency>
        <groupId>org.mybatis</groupId>
        <artifactId>mybatis</artifactId>
        <version>${mybatis.version}</version>
    </dependency>
    <!-- MyBatis/Spring 包 -->
    <dependency>
        <groupId>org.mybatis</groupId>
        <artifactId>mybatis-spring</artifactId>
        <version>1.2.4</version>
    </dependency>

    <!-- 导入 MySQL 数据库连接 jar 包 -->
    <dependency>
        <groupId>mysql</groupId>
        <artifactId>mysql-connector-java</artifactId>
        <version>5.1.8</version>
    </dependency>
```

```xml
<!-- JSTL 标签类 -->
<dependency>
    <groupId>jstl</groupId>
    <artifactId>jstl</artifactId>
    <version>1.2</version>
</dependency>
<!-- 日志文件管理包 -->
<!-- log start -->
<dependency>
    <groupId>log4j</groupId>
    <artifactId>log4j</artifactId>
    <version>${log4j.version}</version>
</dependency>

<!-- JSON -->
<dependency>
    <groupId>commons-codec</groupId>
    <artifactId>commons-codec</artifactId>
    <version>1.9</version>
</dependency>
</dependencies>
```

使用 Maven 框架来管理 jar 包,就需要了解整合框架所需的 jar 包,以便用 Maven 配置它们。SSM 框架所需的主要 jar 包如表 5-1 所示。

表 5-1 框架及对应的 jar 包

框架名称	jar 包
Spring	主要是以 spring 开头的 jar 包
MyBatis	mybatis-3.4.1.jar
Spring 与 MyBatis 整合	mybatis-spring-1.2.4.jar
MySQL 数据库	mysql-connector-java-5.1.8-bin.jar

2. 配置 XML 文件

(1) web.xml 文件配置

web.xml 是框架中最重要的配置文件。web.xml 文件中的配置主要是加载 Spring 容器配置、Spring 容器加载所需配置文件的路径配置、Spring MVC 核心控制器的配置以及编码过滤器的配置等。具体配置如示例代码 5-2 所示。

示例代码 5-2

```xml
<web-app xmlns="http://xmlns.jcp.org/xml/ns/javaee"
         xmlns:xsi="http://www.w3.org/2001/XMLSchema-instance"
         xsi:schemaLocation="http://xmlns.jcp.org/xml/ns/javaee
         http://xmlns.jcp.org/xml/ns/javaee/web-app_3_1.xsd" version="3.1">
    <!-- 加载 Spring 容器配置 -->
    <listener>
        <listener-class>
            org.springframework.web.context.ContextLoaderListener
        </listener-class>
    </listener>
    <!-- Spring 容器加载所有配置文件的路径 -->
    <context-param>
        <param-name>contextConfigLocation</param-name>
        <param-value>classpath*:spring/applicationContext.xml</param-value>
    </context-param>
    <!-- 配置 Spring MVC 核心控制器,将所有的请求(除了 Spring MVC 中的静态资源请求)都交给 Spring MVC -->
    <servlet>
        <servlet-name>spring MVC</servlet-name>
        <servlet-class>org.springframework.web.servlet.DispatcherServlet</servlet-class>
        <init-param>
            <param-name>contextConfigLocation</param-name>
            <param-value>classpath*:spring/applicationContext-mvc.xml</param-value>
        </init-param>
        <!-- 用来标记是否在项目启动时就加载此 Servlet,0 或正数表示容器在应用启动时
        就加载这个 Servlet,当是一个负数时或者没有指定时,则指示容器在该 Servlet 被选择
        时才加载。正数值越小启动优先值越高 -->
        <load-on-startup>1</load-on-startup>
    </servlet>
    <!-- 为 DispatcherServlet 建立映射 -->
    <servlet-mapping>
        <servlet-name>spring MVC</servlet-name>
        <!-- 拦截所有请求,需要注意是 (/) 而不是 (/*) -->
        <url-pattern>/</url-pattern>
    </servlet-mapping>
```

```xml
            <!-- 设置编码过滤器 -->
            <filter>
                <filter-name>encodingFilter</filter-name>
                <filter-class>org.springframework.web.filter.CharacterEncodingFilter</filter-class>
                <init-param>
                    <param-name>encoding</param-name>
                    <param-value>UTF-8</param-value>
                </init-param>
                <init-param>
                    <param-name>forceEncoding</param-name>
                    <param-value>true</param-value>
                </init-param>
            </filter>
            <!-- 编码过滤器映射路径 -->
            <filter-mapping>
                <filter-name>encodingFilter</filter-name>
                <url-pattern>/*</url-pattern>
            </filter-mapping>
</web-app>
```

在项目 Java Resources 目录中"src/main/resource"下新建两个包，分别命名为"spring"和"mybatis"，这两个包分别用来存放 Spring 与 MyBatis 的 XML 配置文件，便于统一管理框架的 XML 配置文件。

（2）applicationContext.xml 文件配置

applicationContext.xml 文件中主要是连接数据库基本信息的配置、数据源的配置、加载映射文件配置和 DAO 接口文件配置等。具体配置如示例代码 5-3 所示。

示例代码 5-3

```xml
<beans xmlns="http://www.springframework.org/schema/beans"
       xmlns:xsi="http://www.w3.org/2001/XMLSchema-instance"
       xmlns:tx="http://www.springframework.org/schema/tx"
       xmlns:aop="http://www.springframework.org/schema/aop"
       xmlns:jee="http://www.springframework.org/schema/jee"
       xmlns:mvc="http://www.springframework.org/schema/mvc"
       xsi:schemaLocation="http://www.springframework.org/schema/beans
        http://www.springframework.org/schema/beans/spring-beans.xsd
```

```xml
            http://www.springframework.org/schema/tx
            http://www.springframework.org/schema/tx/spring-tx.xsd
            http://www.springframework.org/schema/aop
            http://www.springframework.org/schema/aop/spring-aop.xsd
            http://www.springframework.org/schema/jee
            http://www.springframework.org/schema/jee/spring-jee.xsd
            http://www.springframework.org/schema/mvc
            http://www.springframework.org/schema/mvc/spring-mvc.xsd">

    <!-- 数据源 - 连接数据库的基本信息，这里直接写，不放到 *.properties 资源文件中 -->
    <bean id="dataSource"
        class="org.springframework.jdbc.datasource.DriverManagerDataSource">
        <property name="driverClassName" value="com.mysql.jdbc.Driver" />
        <property name="url" value="jdbc:mysql://localhost:3306/numysql" />
        <property name="username" value="root" />
        <property name="password" value="root" />
    </bean>

    <!-- 配置数据源，加载配置，也就是 dataSource -->
    <bean id="sqlSessionFactory" class="org.mybatis.spring.SqlSessionFactoryBean">
        <property name="dataSource" ref="dataSource"></property>
        <!--MyBatis 的配置文件 -->
        <property name="configLocation" value="classpath:mybatis/mybatis-config.xml" />
        <!-- 扫描 Mapper.xml 映射文件，配置扫描的路径 -->
        <property name="mapperLocations"
            value="classpath:com/ssm/mapping/*.xml"></property>
    </bean>

    <!-- DAO 接口所在包名，Spring 会自动查找 DAO 接口所在文件中的类 -->
    <bean class="org.mybatis.spring.mapper.MapperScannerConfigurer">
        <property name="basePackage" value="com.ssm.dao" />
        <property name="sqlSessionFactoryBeanName"
            value="sqlSessionFactory"></property>
    </bean>
</beans>
```

（3）applicationContext-mvc.xml 文件配置

applicationContext-mvc.xml 文件中主要是指定需要扫描的 Controller 文件的位置、对静态资源（如 CSS、JS 文件和图片等）处理的配置、Spring MVC 视图解析器的配置以及 URL 地址指定的前缀、后缀的添加等。配置如示例代码 5-4 所示。

示例代码 5-4

```xml
<beans xmlns="http://www.springframework.org/schema/beans"
    xmlns:xsi="http://www.w3.org/2001/XMLSchema-instance"
    xmlns:context="http://www.springframework.org/schema/context"
    xmlns:mvc="http://www.springframework.org/schema/mvc"
    xmlns:c="http://www.springframework.org/schema/c"
    xsi:schemaLocation="http://www.springframework.org/schema/beans
    http://www.springframework.org/schema/beans/spring-beans.xsd
    http://www.springframework.org/schema/context
    http://www.springframework.org/schema/context/spring-context.xsd
    http://www.springframework.org/schema/mvc
    http://www.springframework.org/schema/mvc/spring-mvc.xsd">
    <!-- 告知 Spring 启用注解驱动 -->
    <mvc:annotation-driven/>
    <!-- org.springframework.web.servlet.resource.DefaultServletHttpRequestHandler 会对进入 DispatcherServlet 的 URL 进行筛查,如果是静态资源的请求,就将该请求转由 Web 应用服务器默认的 Servlet 处理,如果不是静态资源的请求,由 DispatcherServlet 继续处理 -->
    <mvc:default-servlet-handler/>
    <!-- 指定要扫描的包的位置 -->
    <context:component-scan base-package="com.ssm" />
    <!-- 对静态资源文件的访问,因为 Spring MVC 会拦截所有请求,导致 JSP 页面中对 JS 和 CSS 的引用也被拦截,配置后可以把对资源的请求交给项目的默认拦截器而不是 Spring MVC-->
    <mvc:resources mapping="/static/**" location="/WEB-INF/static/" />
    <!-- 配置 Spring MVC 的视图解析器 -->
    <bean class="org.springframework.web.servlet.view.InternalResourceViewResolver">
    <!-- 有时需要访问 JSP 页面,可理解为在控制器 Controller 的返回值加前缀和后缀,变成一个可用的 URL 地址 -->
        <property name="prefix" value="/WEB-INF/jsp/"/>
        <property name="suffix" value=".jsp"/>
    </bean>
</beans>
```

（4）mybatis-config.xml 文件配置

mybatis-config.xml 文件中主要是配置实体类的别名。具体配置如示例代码 5-5 所示。

示例代码 5-5

```xml
<?xml version="1.0" encoding="UTF-8"?>
<!DOCTYPE configuration PUBLIC "-//mybatis.org//DTD SQL Map Config 3.0//EN"
        "http://mybatis.org/dtd/mybatis-3-config.dtd">
<configuration>
    <!-- 配置实体类别名 -->
    <typeAliases>
        <typeAlias type="com.ssm.entity.InternetPrinter" alias="InternetPrinter" />
    </typeAliases>
</configuration>
```

至此，框架就搭建完成了。由上面的步骤可以看到 SSM 框架的配置非常简单，启动时不需要消耗大量资源，是一个轻量级的框架。接下来就把搭建好的框架运用到实际案例中。

技能点 2　整合案例

本案例使用 SSM 整合框架和 MySQL 数据库，实现物料订单管理系统中网络打印机管理的增、删、改、查功能，项目结构图如图 5-1 所示。

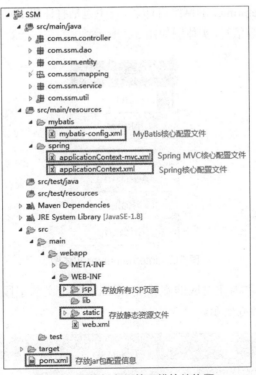

图 5-1　网络打印机管理模块结构图

其中各项的意义如表 5-2 所示。

表 5-2 文件说明

名称	意义
com.ssm.controller	存放 Controller 控制器文件
com.ssm.dao	存放 Dao 层接口文件
com.ssm.entity	存放 POJO 持久化类（实体类）
com.ssm.mapping	存放 MyBatis 映射文件
com.ssm.service	存放 Service 接口
com.ssm.util	存放工具类
mybatis-config.xml	MyBatis 核心配置文件
applicationContext-mvc.xml	Spring MVC 核心配置文件
applicationContext.xml	Spring 核心配置文件
jsp	存放所有 JSP 页面文件夹
static	存放静态资源文件夹
pom.xml	存放 jar 包配置信息

1. 创建实体类

创建实体类时，实体类的各项内容要与数据库各项内容对应。本案例中使用的是 MySQL 数据库，创建名为 internetprinter 的网络打印表，表中包括打印机 ID、打印机名称、打印机 IP、插入时间、打印权限、备注等信息，实体图如图 5-2 所示。

图 5-2 internetprinter 实体图

根据数据库创建的表创建对应的实体类，根据表中定义的字段创建实体类对应的属性。实体类代码如示例代码 5-6 所示。

示例代码 5-6
public class InternetPrinter {

第五章 网络打印机与移动终端管理模块实现

```
    private int IID;
    private String IName;
    private String PrintIP;
    private Date IAddTime;
    private String IRole;
    private String IRemark;
    // 省略 get()/set() 方法…
}
```

2. Mapper 配置文件

一个实体类对应一个 Mapper 配置文件。Mapper 配置文件中主要配置 SQL 语句,通过执行 SQL 语句对数据库 internetprinter 表中的数据进行操作。InternetPrinterMapper.xml 配置文件代码如示例代码 5-7 所示。

示例代码 5-7

```xml
<!DOCTYPE mapper PUBLIC "-//mybatis.org//DTD Mapper 3.0//EN"
    "http://mybatis.org/dtd/mybatis-3-mapper.dtd">
<mapper namespace="com.ssm.dao.InternetPrinterDao">
<select id ="selectInternetPrinter" resultType="com.ssm.entity.InternetPrinter">
 select * from `internetprinter`
</select>
<select id="selectInternetPrinterOne" parameterType="String" resultType="com.ssm.entity.InternetPrinter">
   select * from `internetprinter` where IID = #{IID}
</select>
<insert id="insertInternetPrinter" parameterType="com.ssm.entity.InternetPrinter">
    insert into `internetprinter`(IID,IName,PrintIP,IAddTime,IRole,IRemark) values
    (#{IID},#{IName},#{PrintIP},#{IAddTime},#{IRole},#{IRemark})
</insert>
<update id="updateInternetPrinter" parameterType="com.ssm.entity.InternetPrinter">
    update `internetprinter` set
    IName=#{IName},PrintIP=#{PrintIP},IAddTime=#{IAddTime} ,IRole=#{IRole},
    IRemark=#{IRemark} where IID=#{IID}
</update>
<delete id="deleteInternetPrinter" parameterType="int">
    delete from `internetprinter` where IID=#{IID}
</delete>
</mapper>
```

为了让 MyBatis 根据 InternetPrinterDao 接口和 InternetPrinterMapper.xml 文件去自动实现 InternetPrinterDao 接口中定义的相关方法，在配置 InternetPrinterMapper.xml 文件时需要注意：

● InternetPrinterMapper.xml 的 <mapper> 标签的 namespace 必须是 InternetPrinterDao 接口的全类名，即 <mapper namespace="com.ssm.dao.InternetPrinterDao">。

● InternetPrinterMapper.xml 的定义操作数据库的 <select>、<delete>、<update> 和 <insert> 这些标签的 id 属性的值必须和 InternetPrinterDao 接口定义的方法名一致。

● <select>、<delete>、<update> 和 <insert> 这些标签中 resultType 对应的属性值不能出错，否则无法执行通过。

3. DAO 层

DAO 层是一个接口类型，DAO 层里面定义了一些操作数据库 internetprinter 表的方法。代码如示例代码 5-8 所示。

示例代码 5-8

```java
public interface InternetPrinterDao {
    // 查询所有
    public List<InternetPrinter> selectInternetPrinter();
    // 查询单个
    public void selectInternetPrinterOne(int IID);
    // 增加
    public void insertInternetPrinter(InternetPrinter internetprinter);
    // 更新
    public void updateInternetPrinter(InternetPrinter internetprinter);
    // 删除
    public void deleteInternetPrinter(int IID);
}
```

4. Service 层

Service 层里面定义了一些操作数据库 internetprinter 表的方法。代码如示例代码 5-9 所示。

示例代码 5-9

```java
public interface InternetPrinterService {
    // 查询所有
    public List<InternetPrinter> selectInternetPrinter();
    // 查询单个
    public void selectInternetPrinterOne(int IID);
    // 增加
    public void insertInternetPrinter(InternetPrinter internetprinter);
    // 更新
```

```
        public void updateInternetPrinter(InternetPrinter internetprinter);
        // 删除
        public void deleteInternetPrinter(int IID);
}
```

5. Service 实现类

Service 实现类用于实现 Service 接口中定义的方法。代码如示例代码 5-10 所示。

示例代码 5-10

```
@Service
public class InternetPrinterServiceImpl implements InternetPrinterService{
    @Autowired
    private InternetPrinterDao internetPrinterDao;
    // 查询所有
    @Override
    public List<InternetPrinter> selectInternetPrinter() {
        return internetPrinterDao.selectInternetPrinter();
    }
    // 查询单个
    @Override
    public void selectInternetPrinterOne(int IID) {
        internetPrinterDao.selectInternetPrinterOne(IID);
    }
    // 增加
    @Override
    public void insertInternetPrinter(InternetPrinter internetprinter) {
        internetPrinterDao.insertInternetPrinter(internetprinter);
    }
    // 更新
    @Override
    public void updateInternetPrinter(InternetPrinter internetprinter) {
        internetPrinterDao.updateInternetPrinter(internetprinter);
    }
    // 删除
    @Override
    public void deleteInternetPrinter(int IID) {
        internetPrinterDao.deleteInternetPrinter(IID);
    }
}
```

6. Controller 控制层

Controller 中使用 @RequestMapping 注解定义 URL 地址，通过访问对应的 URL 地址执行相应的方法，如用户从地址栏输入"http://localhost:8080/SSM/internetprinter"后执行 Controller 中对应的 subjectSelect() 方法。Controller 控制层代码如示例代码 5-11 所示。

示例代码 5-11

```java
@Controller
public class InternetPrinterController {

    @Autowired
    private InternetPrinterService internetPrinterService;

    public ModelAndView pageList(InternetPrinter internetprinter,String page,String pageSize){
        ModelAndView model=new ModelAndView();
        try {
            List<InternetPrinter> list=this.internetPrinterService.selectInternetPrinter();
            PageData pd=new PageData();
            int count=0;
            PageUtil pageUtil=new PageUtil();
            // 分页
            if(page==null||page.equals(""))
            {
                page="1";
            }
            if(pageSize==null||pageSize.equals(""))
            {
                pageSize="3";
            }
            List<InternetPrinter> list1=pageUtil.getList(list, Integer.parseInt(page), Integer.parseInt(pageSize));
            count=(int) Math.ceil(list.size()/Double.parseDouble(pageSize));

            pd.put("page", page);
            pd.put("pageSize", pageSize);
            pd.put("count", count);
            pd.put("url", "internetprinter");
            model.addObject("list",list1);
            model.addObject("pd",pd);
```

```java
                model.setViewName("InternetPrinter/internetprinter");
        } catch (Exception e) {
            e.printStackTrace();
            model.addObject("msg","error");
        }
        return model;
    }

    // 网络打印机的列表
    @RequestMapping(value = "/internetprinter")
    public ModelAndView subjectSelect(InternetPrinter internetprinter,String page,String pageSize)
    {
        return this.pageList(internetprinter, page, pageSize);
    }

    // 跳转到网络打印机增加页面
    @RequestMapping(value="/turninternetPrinterAdd")
    public ModelAndView turnInternetPrinterAdd(){
        ModelAndView model = new ModelAndView("InternetPrinter/internetprinter_add");
        return model;
    }

    // 增加网络打印机
    @RequestMapping(value="/internetPrinterAdd")
    public ModelAndView InternetPrinterAdd(String IID,String IName,String PrintIp,String IAddTime,String role,String IRemark) throws ParseException{
        int I_ID=Integer.parseInt(IID);

        java.sql.Date iaddtiem=java.sql.Date.valueOf(IAddTime);
        ModelAndView model = new ModelAndView("InternetPrinter/internetprinter");

        InternetPrinter internetprinter = new InternetPrinter();

        internetprinter.setIID(I_ID);
        internetprinter.setIName(IName);
        internetprinter.setPrintIP(PrintIp);
```

```java
            internetprinter.setIAddTime(iaddtime);
            internetprinter.setIRole(role);
            internetprinter.setIRamark(IRemark);
            internetPrinterService.insertInternetPrinter(internetprinter);
            String page=null;
            String pageSize=null;
            return this.pageList(internetprinter, page, pageSize);
        }

        // 删除网络打印机
        @RequestMapping(value="/internetprinterdelete")
    public ModelAndView internetPrintDelete(String IID){
            int I_ID=Integer.parseInt(IID);
            internetPrinterService.deleteInternetPrinter(I_ID);
            InternetPrinter internetprinter = new InternetPrinter();
            String page=null;
            String pageSize=null;
            return this.pageList(internetprinter, page, pageSize);
        }

        // 跳转到网络打印机修改页面
        @RequestMapping(value="/turnupdate")
        public ModelAndView turnInternetPrinterUpdate(String IID,String IName,String printIP,String IAddTime,String IRole,String IRemark){
            ModelAndView model = new ModelAndView("InternetPrinter/internetprinteredit");

            // 复选框的选中状态
            String[] rolesnew={" 前排坐垫面套 "," 前排靠背面套 "," 前排坐垫骨架 ","前排靠背骨架 "," 插单物料排序单 "," 前排线束 "," 前排大背板 "," 后 40 靠背面套 ","后 60 靠背面套 "," 后排坐垫面套 "," 后 60 扶手 "," 后 60 中头枕 "," 后 40 侧头枕 "," 后 60 侧头枕 "};
            Map<String,Object> map=new HashMap<String, Object>();
            for (int i = 0; i < rolesnew.length; i++) {
                map.put(rolesnew[i],IRole.contains(rolesnew[i])?"checked='checked'":"");
            }
            model.addObject("status",map);
```

```java
            java.sql.Date iaddtiem=java.sql.Date.valueOf(IAddTime);
            int I_ID=Integer.parseInt(IID);

            InternetPrinter internetprinter = new InternetPrinter();
            internetprinter.setIID(I_ID);
            internetprinter.setIName(IName);
            internetprinter.setPrintIP(PrintIP);
            internetprinter.setIAddTime(iaddtime);
            internetprinter.setIRole(IRole);
            internetprinter.setIRamark(IRemark);
            model.addObject("internetprinter1",internetprinter);
            System.out.println(internetprinter);
            model.addObject("IID",IID);
            model.addObject("IAddTime",iaddtime);
            return model;
        }

        // 修改网络打印机
        @RequestMapping(value="/internetPrinterupdate")
        public ModelAndView internetPrinterupdate(String IID,String IName,String PrintIp,String IAddTime,String role,String IRemark)throws ParseException{
            int I_ID=Integer.parseInt(IID);

            java.sql.Date iaddtiem=java.sql.Date.valueOf(IAddTime);

            InternetPrinter internetprinter = new InternetPrinter();

            internetprinter.setIID(I_ID);
            internetprinter.setIName(IName);
            internetprinter.setPrintIP(PrintIp);
            internetprinter.setIAddTime(iaddtime);
            internetprinter.setIRole(role);
            internetprinter.setIRamark(IRemark);
            internetPrinterService.updateInternetPrinter(internetprinter);
            String page=null;
            String pageSize=null;
            return this.pageList(internetprinter, page, pageSize);
```

```
        }
    }
```

7. JSP 页面

Controller 层根据输入的请求地址执行对应方法,根据方法的返回值跳转至对应的 JSP 页面,同时查询所有的网络打印机信息并显示到页面中。

(1)internetprinter.jsp 页面

internetprinter.jsp 页面显示数据库中查询到的数据,以及实现修改、删除、增加功能的按钮。页面代码如示例代码 5-12 所示。

示例代码 5-12

```jsp
<%@ page language="java" import="java.util.*" pageEncoding="UTF-8"%>
<%@ taglib prefix="c" uri="http://java.sun.com/jsp/jstl/core"%>
<%@ taglib prefix="fmt" uri="http://java.sun.com/jsp/jstl/fmt"%>
<%
String path = request.getContextPath();
String basePath = request.getScheme()+"://"+request.getServerName()+":"+request.getServerPort()+path+"/";
%>
<!DOCTYPE HTML PUBLIC "-//W3C//DTD HTML 4.01 Transitional//EN">
<html>
    <head>
        <base href="<%=basePath%>">
        <meta charset="utf-8" />
        <title></title>
        <meta name="description" content="overview & stats" />
            <meta name="viewport" content="width=device-width, initial-scale=1.0" />
            <link href="static/css/bootstrap.min.css" rel="stylesheet" />
            <link href="static/css/bootstrap-responsive.min.css" rel="stylesheet" />
            <link rel="stylesheet" href="static/css/font-awesome.min.css" />
            <link rel="stylesheet" href="static/css/ace.min.css" />
            <link rel="stylesheet" href="static/css/ace-responsive.min.css" />
            <link rel="stylesheet" href="static/css/ace-skins.min.css" />
            <script type="text/javascript" src="static/js/jquery-1.7.2.js"></script>
    <script type="text/javascript">
    $(top.hangge());
        // 新增
        function add(url){
            location.href=url;
```

```
            }
        // 修改
        function edit(url){
            location.href=url;
        }
        // 删除
        function del(url){
            var flag = false;
            if(confirm(" 确定要删除该数据吗 ?")){
                flag = true;
            }
            if(flag){
                location.href=url;
            }
        }
    </script>
</head>
<body style="height: 213px; ">
    <table id="table_report" class="table table-striped table-bordered table-hover">
        <thead>
        <tr>
            <!-- <th class="center"   style="width: 50px;">ID</th> -->
            <th class='center'> 机器 ID</th>
            <th class="center"> 机器名称 </th>
            <th class="center"> 机器 IP</th>
            <th class="center"> 插入时间 </th>
            <th class="center"> 打印权限 </th>
            <th class="center"> 终端 </th>
            <th class="center"> 操作 </th>
        </tr>
        </thead>
        <c:choose>
            <c:when test="${not empty list}">
                <c:forEach items="${list}" var="record" varStatus="vs">
                <tr>
                    <td class="center" >${record.IID} </td>
                    <td class="center" >${record.IName} </td>
                    <td class="center" >${record.PrintIP} </td>
```

```
                        <td class="center" >${record.IAddTime} </td>
                        <td class="center" >${record.IRole} </td>
                        <td class="center" >${record.IRemark} </td>
                        <td style="width: 68px;">
                        <a class='btn btn-mini btn-info' title=" 编 辑 " onclick="edit('turnupdate?IID=${record.IID }&IName=${record.IName }&printIP=${record.PrintIP }&IAddTime=${record.IAddTime}&IRole=${record.IRole }&IRemark=${record.IRemark}')" ><i class='icon-edit'></i></a>
                        <a class='btn btn-mini btn-danger' title=" 删 除 " onclick="del('internetprinterdelete?IID=${record.IID }')"><i class='icon-trash'></i></a>
                    </tr>
                    </c:forEach>
                </c:when>
                <c:otherwise>
                    <tr>
                        <td colspan="100"> 没有相关数据 </td>
                    </tr>
                </c:otherwise>
            </c:choose>
        </table>
        <%@include file="/WEB-INF/jsp/page.jsp" %>
        <div class="page_and_btn">
            <div>
                  <a class="btn btn-small btn-success" onclick="add('turninternetPrinterAdd');"> 新增 </a>
            </div>
        </div>
    </body>
</html>
```

internetprinter.jsp 对应页面如图 5-3 所示。

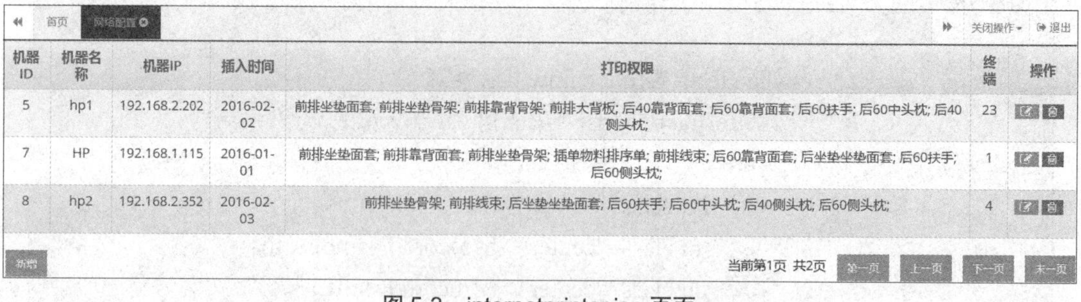
首页
网络配置
关闭操作
退出
机器ID
机器名称
机器IP
插入时间
打印权限
终端
操作
5
hp1
192.168.2.202
2016-02-02
前排坐垫面套; 前排坐垫骨架; 前排靠背骨架; 前排大背板; 后40靠背面套; 后60靠背面套; 后60扶手; 后60中头枕; 后40侧头枕;
23
7
HP
192.168.1.115
2016-01-01
前排坐垫面套; 前排靠背面套; 前排坐垫骨架; 插单物料排序单; 前排线束; 后60靠背面套; 后坐垫坐垫面套; 后60扶手; 后60侧头枕;
1
8
hp2
192.168.2.352
2016-02-03
前排坐垫骨架; 前排线束; 后坐垫坐垫面套; 后60扶手; 后60中头枕; 后40侧头枕; 后60侧头枕;
4
新增
当前第1页 共2页
第一页
上一页
下一页
末一页

图 5-3 internetprinter.jsp 页面

在 internetprinter.jsp 页面中点击"新增"按钮,跳转到增加网络打印机页面。

(2) internetprinter_add.jsp 页面

internetprinter_add.jsp 页面主要实现增加网络打印机的功能,通过向表单中添加数据,执行相应的 SQL 语句,向数据库中添加数据。页面代码如示例代码 5-13 所示。

示例代码 5-13

```jsp
<%@ page language="java" contentType="text/html; charset=UTF-8" pageEncoding="UTF-8"%>
<%@ taglib prefix="c" uri="http://java.sun.com/jsp/jstl/core"%>
<%@ taglib prefix="fmt" uri="http://java.sun.com/jsp/jstl/fmt"%>
<%
String path = request.getContextPath();
String basePath = request.getScheme()+"://"+request.getServerName()+":"+request.getServerPort()+path+"/";
%>
<!DOCTYPE HTML PUBLIC "-//W3C//DTD HTML 4.01 Transitional//EN">
<html>
  <head>
    <base href="<%=basePath%>">
    <meta charset="utf-8" />
    <title>添加</title>
        <meta name="description" content="overview & stats" />
        <meta name="viewport" content="width=device-width, initial-scale=1.0" />
        <link href="static/css/bootstrap.min.css" rel="stylesheet" />
        <link href="static/css/bootstrap-responsive.min.css" rel="stylesheet" />
        <link rel="stylesheet" href="static/css/font-awesome.min.css" />
        <link rel="stylesheet" href="static/css/ace.min.css" />
        <link rel="stylesheet" href="static/css/ace-responsive.min.css" />
        <link rel="stylesheet" href="static/css/ace-skins.min.css" />
        <script type="text/javascript" src="static/js/jquery-1.7.2.js"></script>
        <!-- 提示框 -->
        <script type="text/javascript" src="static/js/jquery.tips.js"></script>
  </head>
    <script type="text/javascript">
        $(top.hangge());
        // 保存
        function save(){
            if($("#IID").val()==""){
```

```javascript
            $("#IID").tips({
                side:3,
                msg:' 请输入称号 ',
                bg:'#AE81FF',
                time:2
            });

            $("#IName").focus();
            return false;
        }
    var role=document.getElementsByName("IRole");
    var role1="";
    for(var i= =0;i<role.length;i++)        {
    if(role[i].checked==true)        {
        role1+=role[i].value;
        }
    }
    alert(role1);
    var IID=document.getElementById("IID");
    var iid=IID.value;
    var IName=document.getElementById("IName");
    var iname=IName.value;
    var PrintIP=document.getElementById("PrintIP");
    var printIP=PrintIP.value;
    var IAddTime=document.getElementById("IAddTime");
    var iaddtime=IAddTime.value;
    var IRemark=document.getElementById("IRemark");
    var iremark=IRemark.value;

 document.getElementById("welcomeForm").action="internetPrinterAdd?role="+role1+"&IID="+iid+"&IName="+iname+"&PrintIp="+printIP+"&IAddTime="+iaddtime+"&IRemark="+iremark;
            $("#welcomeForm").submit();
            $("#zhongxin").hide();
            $("#zhongxin2").show();
        }
```

```
            function close(url){
                alert(1)
                var flag = false;
                if(confirm(" 确定退出添加界面 ?")){
                    flag = true;
                }
                if(flag){
                    location.href=url;
                $("#welcomeForm").submit();
                $("#zhongxin").hide();
                $("#zhongxin2").show();
                }
            }
    </script>
     <body>
        <form action="" enctype="multipart/form-data" name="welcomeForm" id="welcomeForm" method="post" >
            <div id="zhongxin" >
            <table>
                <tr>
                    <td><input type="text" name="IID" id="IID" placeholder=" 这里输入打印机 ID" title=" 机器 ID"/></td></tr>
                <tr>
                    <td><input type="text" name="IName" id="IName" placeholder=" 这里输入打印机名称 " title=" 机器名称 "/></td></tr>
                <tr>
                    <td><input type="text" name="PrintIP" id="PrintIP" placeholder=" 这里输入打印机 IP" title=" 机器 IP "/></td></tr>
                <tr>
                    <td><input type="text" name="IAddTime" id="IAddTime" placeholder=" 这里输入添加时间 " title=" 添加时间 "/></td></tr>
                <tr>
                    <strong><p> 请选择添加的物料 </p></strong>
                    <label>
                        <input name="IRole" class="ace-checkbox-2" type="checkbox" value=" 前排坐垫面套 ;"><span class="lbl"> 前排坐垫面套 </span>
                    </label>
```

```html
                          <label>
                                <input name="IRole" class="ace-checkbox-2" type="checkbox" value=" 前排靠背面套 ;"><span class="lbl"> 前排靠背面套 </span>
                          </label>
                          <label>
                                <input name="IRole" class="ace-checkbox-2" type="checkbox" value=" 前排坐垫骨架 ;"><span class="lbl"> 前排坐垫骨架 </span>
                          </label>
                          <label>
                                <input name="IRole" class="ace-checkbox-2" type="checkbox" value=" 前排靠背骨架 ;"><span class="lbl"> 前排靠背骨架 </span>
                          </label>
                          <label>
                                <input name="IRole" class="ace-checkbox-2" type="checkbox" value=" 插单物料排序单 ;"><span class="lbl"> 插单物料排序单 </span>
                          </label>
                          <label>
                                <input name="IRole" class="ace-checkbox-2" type="checkbox" value=" 前排线束 ;"><span class="lbl"> 前排线束 </span>
                          </label>
                          <label>
                                <input name="IRole" class="ace-checkbox-2" type="checkbox" value=" 前排大背板 ;"><span class="lbl"> 前排大背板 </span>
                          </label>
                          <label>
                                <input name="IRole" class="ace-checkbox-2" type="checkbox" value=" 后40靠背面套 ;"><span class="lbl"> 后40靠背面套 </span>
                          </label>
                          <label>
                                <input name="IRole" class="ace-checkbox-2" type="checkbox" value=" 后60靠背面套 ;"><span class="lbl"> 后60靠背面套 </span>
                          </label>
                          <label>
                                <input name="IRole" class="ace-checkbox-2" type="checkbox" value=" 后排坐垫面套 ;"><span class="lbl"> 后排坐垫面套 </span>
                          </label>
                          <label>
```

```
                    <input name="IRole" class="ace-checkbox-2" type="checkbox" value=" 后 60 扶手套 ;"><span class="lbl"> 后 60 扶手 </span>
                  </label>
                  <label>
                    <input name="IRole" class="ace-checkbox-2" type="checkbox" value=" 后 60 中头枕 ;"><span class="lbl"> 后 60 中头枕 </span>
                  </label>
                  <label>
                    <input name="IRole" class="ace-checkbox-2" type="checkbox" value=" 后 40 侧头枕 ;"><span class="lbl"> 后 40 侧头枕 </span>
                  </label>
                  <label>
                    <input name="IRole" class="ace-checkbox-2" type="checkbox" value=" 后 60 侧头枕 ;"><span class="lbl"> 后 60 侧头枕 </span>
                  </label>
              </tr>
              <tr>
                <td><input type="text" name="IRemark" id="IRemark" placeholder=" 这里输入终端 " title=" 终端 "/></td></tr>
              </tr>
              <tr>
                <td style="text-align: center; padding-top: 10px;">
                  <a class="btn btn-mini btn-primary" onclick="save();"> 保存 </a>
                  <a class="btn btn-mini btn-danger" onclick="close('internetprinter');"> 取消 </a>
                </td>
              </tr>
            </table>
          </div>
          <div id="zhongxin2" class="center" style="display:none"><br/><br/><br/><img src="static/images/jiazai.gif" /><br/><h4 class="lighter block green"></h4></div>
        </form>
    </body>
</html>
```

internetprinter_add.jsp 对应页面如图 5-4 所示。

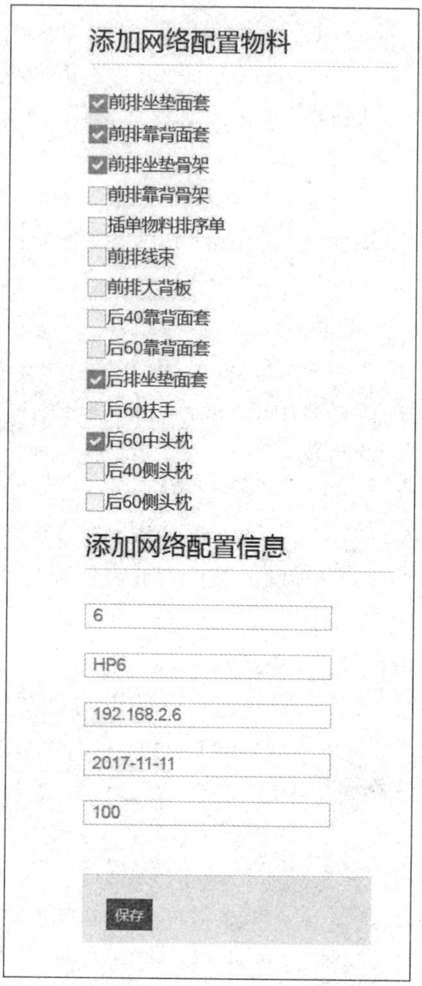

添加网络配置物料
前排坐垫面套
前排靠背面套
前排坐垫骨架
前排靠背骨架
插单物料排序单
前排线束
前排大背板
后40靠背面套
后60靠背面套
后排坐垫面套
后60扶手
后60中头枕
后40侧头枕
后60侧头枕
添加网络配置信息
6
HP6
192.168.2.6
2017-11-11
100
保存

图 5-4　internetprinter_add.jsp 页面

在增加网络打印机的页面输入各项信息，输入完成后点击“保存”按钮，提交网络打印机的信息并且跳转至对应的 Controller 层，Controller 层会根据请求路径执行对应的方法，把对应的网络打印机信息存放到数据库中，然后跳转到 internetprinter.jsp 页面并且显示所有网络打印机的信息，包括新增加的这条信息。效果如图 5-5 所示。

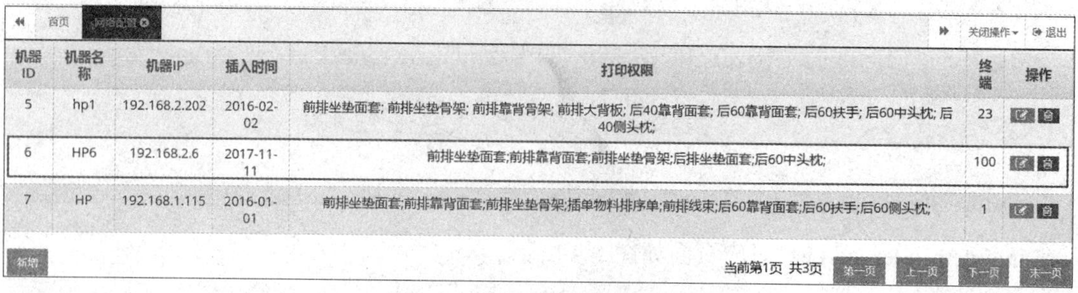

首页
关闭操作
退出
机器ID
机器名称
机器IP
插入时间
打印权限
终端
操作
5
hp1
192.168.2.202
2016-02-02
前排坐垫面套; 前排坐垫骨架; 前排靠背骨架; 前排大背板; 后40靠背面套; 后60靠背面套; 后60扶手; 后60中头枕; 后40侧头枕;
23
6
HP6
192.168.2.6
2017-11-11
前排坐垫面套;前排靠背面套;前排坐垫骨架;后排坐垫面套;后60中头枕;
100
7
HP
192.168.1.115
2016-01-01
前排坐垫面套;前排靠背面套;前排坐垫骨架;插单物料排序单;前排线束;后60靠背面套;后60扶手;后60侧头枕;
1
新增
当前第1页 共3页
第一页
上一页
下一页
末一页

图 5-5　增加网络打印机信息

在 internetprinter.jsp 页面点击“编辑”按钮，跳转到修改网络打印机信息的页面。

（3）internetprinteredit.jsp 页面

internetprinteredit.jsp 页面主要实现修改数据的功能，通过表单提交修改后的数据，执行相应的 SQL 语句，修改数据库中的数据。页面代码如示例代码 5-14 所示。

示例代码 5-14

```jsp
<%@ page language="java" contentType="text/html; charset=UTF-8" pageEncoding="UTF-8"%>
<%@ taglib prefix="c" uri="http://java.sun.com/jsp/jstl/core"%>
<%@ taglib prefix="fmt" uri="http://java.sun.com/jsp/jstl/fmt"%>
<%
String path = request.getContextPath();
String basePath = request.getScheme()+"://"+request.getServerName()+":"+request.getServerPort()+path+"/";
%>
<!DOCTYPE HTML PUBLIC "-//W3C//DTD HTML 4.01 Transitional//EN">
<html>
  <head>
    <base href="<%=basePath%>">
    <meta charset="utf-8" />
    <title>My JSP 'internetprinteredit.jsp' starting page</title>
        <meta name="description" content="overview & stats" />
        <meta name="viewport" content="width=device-width, initial-scale=1.0" />
        <link href="static/css/bootstrap.min.css" rel="stylesheet" />
        <link href="static/css/bootstrap-responsive.min.css" rel="stylesheet" />
        <link rel="stylesheet" href="static/css/font-awesome.min.css" />
        <!-- 下拉框 -->
        <link rel="stylesheet" href="static/css/chosen.css" />
        <link rel="stylesheet" href="static/css/ace.min.css" />
        <link rel="stylesheet" href="static/css/ace-responsive.min.css" />
        <link rel="stylesheet" href="static/css/ace-skins.min.css" />
        <link rel="stylesheet" href="static/css/datepicker.css" /><!-- 日期框 -->
        <script type="text/javascript" src="static/js/jquery-1.7.2.js"></script>
        <script type="text/javascript" src="static/js/jquery.tips.js"></script>
<script type="text/javascript">
$(top.hangge());
    // 保存
    function save(){
        var role=document.getElementsByName("lRole");
```

```
                var role1="";
                for(var i=0;i<role.length;i++)
                {
                if(role[i].checked==true)
                {
                role1+=role[i].value;
                }
                }
                alert(role1);
                var IID=document.getElementById("IID");
                var iid=IID.value;
                var IName=document.getElementById("IName");
                var iname=IName.value;
                var PrintIP=document.getElementById("PrintIP");
                var printIP=PrintIP.value;
                var IAddTime=document.getElementById("IAddTime");
                var iaddtime=IAddTime.value;
                var IRemark=document.getElementById("IRemark");
                var iremark=IRemark.value;
                alert(IID.value);
        document.getElementById("welcomeForm").action="internetPrinterupdate?role="+role1+"&IID="+iid+"&IName="+iname+"&PrintIp="+printIP+"&IAddTime="+iaddtime+"&IRemark="+iremark;
                $("#welcomeForm").submit();
                $("#zhongxin").hide();
                $("#zhongxin2").show();
            }
    </script>
        </head>
        <body>
        <form action="internetPrinterupdate" enctype="multipart/form-data" name="welcomeForm" id="welcomeForm" method="post">
                <div id="zhongxin">
                <table>
                <tr>
                        <strong><p> 修改网络配置物料 </p></strong>
                        <label>
```

```html
                    <input name="IRole" class="ace-checkbox-2" value="前排坐垫面套;" ${status.前排坐垫面套} type="checkbox"><span class="lbl"> 前排坐垫面套 </span>
                </label>
                    <input name="IRole" class="ace-checkbox-2" value="前排靠背面套;" ${status.前排靠背面套} type="checkbox"><span class="lbl"> 前排靠背面套 </span>
                </label>
                <label>
                    <input name="IRole" class="ace-checkbox-2" value="前排坐垫骨架;" ${status.前排坐垫骨架} type="checkbox"><span class="lbl"> 前排坐垫骨架 </span>
                </label>
                <label>
                    <input name="IRole" class="ace-checkbox-2" value="前排靠背骨架;" ${status.前排靠背骨架} type="checkbox"><span class="lbl"> 前排靠背骨架 </span>
                </label>
                <label>
                    <input name="IRole" class="ace-checkbox-2" value="插单物料排序单;" ${status.插单物料排序单} type="checkbox"><span class="lbl"> 插单物料排序单 </span>
                </label>
                <label>
                    <input name="IRole" class="ace-checkbox-2" value="前排线束;" ${status.前排线束} type="checkbox"><span class="lbl"> 前排线束 </span>
                </label>
                <label>
                    <input name="IRole" class="ace-checkbox-2" value="前排大背板;" ${status.前排大背板} type="checkbox"><span class="lbl"> 前排大背板 </span>
                </label>
                <label>
                    <input name="IRole" class="ace-checkbox-2" value="后40靠背面套;" ${status.后40靠背面套} type="checkbox"><span class="lbl"> 后40靠背面套 </span>
                </label>
                <label>
```

```html
                                <input name="IRole" class="ace-checkbox-2" value=" 后 60 靠背面套 ;" ${status.后 60 靠背面套 } type="checkbox"><span class="lbl"> 后 60 靠背面套 </span>
                            </label>
                            <label>
                                <input name="IRole" class="ace-checkbox-2" value=" 后排坐垫面套 ;" ${status.后排坐垫面套 } type="checkbox"><span class="lbl"> 后排坐垫面套 </span>
                            </label>
                            <label>
                                <input name="IRole" class="ace-checkbox-2" value=" 后 60 扶手 ;" ${status.后 60 扶手 } type="checkbox"><span class="lbl"> 后 60 扶手 </span>
                            </label>
                            <label>
                                <input name="IRole" class="ace-checkbox-2" value=" 后 60 中头枕 ;" ${status.后 60 中头枕 } type="checkbox"><span class="lbl"> 后 60 中头枕 </span>
                            </label>
                            <label>
                                <input name="IRole" class="ace-checkbox-2" value=" 后 40 侧头枕 ;" ${status.后 40 侧头枕 } type="checkbox"><span class="lbl"> 后 40 侧头枕 </span>
                            </label>
                            <label>
                                <input name="IRole" class="ace-checkbox-2" value=" 后 60 侧头枕 ;" ${status.后 60 侧头枕 } type="checkbox"><span class="lbl"> 后 60 侧头枕 </span>
                            </label>
                        </tr>
                    <input type="hidden" name="IID" id="IID" placeholder="IID" value="${internetprinter1.IID}" title=" 机器 ID"/>
                    <tr>
                    <td> 机器名称 :</td>
                    <td><input type="text" name="IName" id="IName" placeholder="IName" value="${internetprinter1.IName}" title=" 机器名称 "/></td>
                    </tr>
                    <tr>
                    <td> 机器 IP:</td>
```

```html
                <td><input type="text" name="PrintIP" id="PrintIP" placeholder="PrintIP" value="${internetprinter1.printIP}" title=" 机器 IP"/></td>
            </tr>
            <tr>
                <td> 时间 :</td>
                <td><input type="text" name="IAddTime" id="IAddTime" placeholder="IAddTime" value="${internetprinter1.IAddTime}" title=" 添加时间 "/></td>
            </tr>
            <tr>
                <td> 终 端 :</td>
                <td><input type="text" name="IRemark" id="IRemark" placeholder="IRemark" value="${internetprinter1.IRemark}" title=" 终端 "/></td>
            </tr>
            <tr>
                <td style="text-align: center; padding-top: 10px;">
                    <a class="btn btn-mini btn-primary" onclick="save();"> 保存 </a>
                    <a class="btn btn-mini btn-danger" onclick="top.Dialog.close();"> 取消 </a>
                </td>
            </tr>
        </table>
    </div>
    <div id="zhongxin2" class="center" style="display:none"><br/><br/><br/><img src="static/images/jiazai.gif" /><br/><h4 class="lighter block green"></h4></div>
</form>
<!-- 引入 -->
<script type="text/javascript">window.jQuery || document.write("<script src='static/js/jquery-1.9.1.min.js'>\x3C/script>");</script>
<script src="static/js/bootstrap.min.js"></script>
<script src="static/js/ace-elements.min.js"></script>
<script src="static/js/ace.min.js"></script>
<script type="text/javascript" src="static/js/chosen.jquery.min.js"></script><!-- 下拉框 -->
<script type="text/javascript" src="static/js/bootstrap-datepicker.min.js"></script><!-- 日期框 -->
</body>
</html>
```

internetprinteredit.jsp 对应页面如图 5-6 所示，在此页面对网络配置的信息进行修改，修改部分如图 5-7 所示。

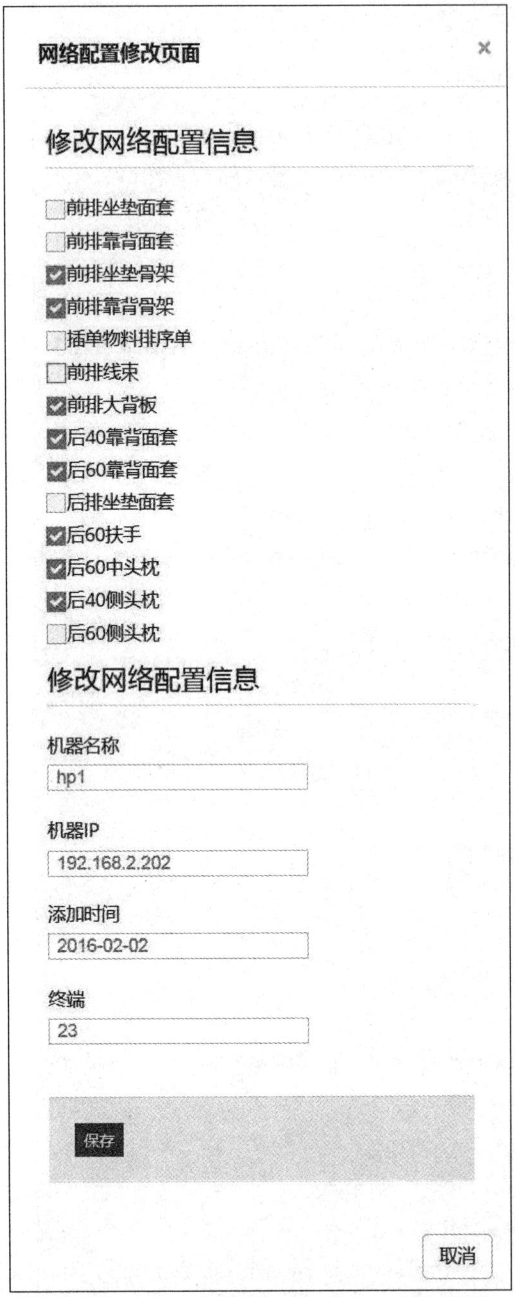

图 5-6　internetprinteredit.jsp 页面 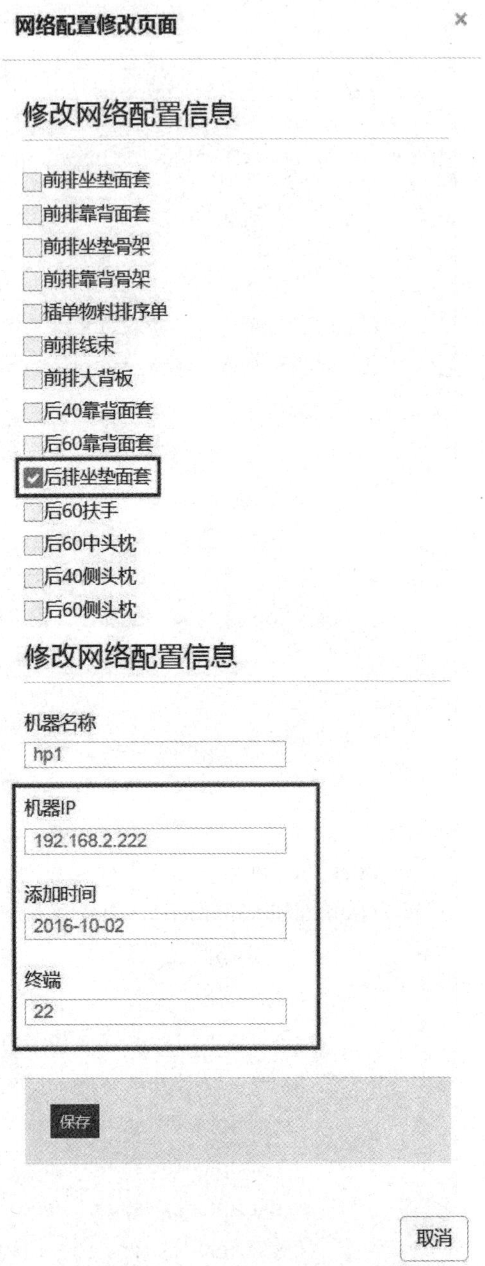　　　　图 5-7　修改信息页面

修改完成后点击"保存"，JSP 页面会跳转到对应的 Controller 层，Controller 层中根据请求路径执行相应方法，把修改好的网络打印机的信息存放到数据库中，然后跳转到 internetprinter.jsp 页面，并把所有的网络打印机信息显示出来，结果如图 5-8 所示。

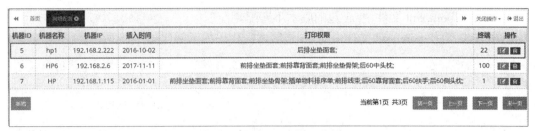

图 5-8　修改信息完成页面

在 internetprinter.jsp 页面中点击"删除"按钮，会跳转到对应的 Controller 层，Controller 层根据请求路径执行 internetPrinterDelete() 方法对网络打印机信息进行删除，然后直接跳转到 internetprinter.jsp 页面，显示删除该数据后的所有网络打印机的信息。

在整个项目开发过程中可以看到，框架封装了普通项目中需要重复书写的代码且简化了调用过程并使用 Maven 框架进行 jar 包管理。而数据库的连接和存储过程都直接由 MyBatis 负责，主要是传递形参和接收返回的数据。使用框架不仅减少了代码冗余，而且还简化了开发过程，从而提高了效率。

技能点 3　整合错误处理

学习的最终目的是学以致用，如上学习了 SSM 框架整合，最终需要在实际项目开发中进行使用。在整合过程中会遇到一些问题，因此需要在学习中总结问题，让自己尽量少走弯路，能以最快的速度提高实际开发能力。接下来讲解一些开发中遇到的问题以及解决的方法，为大家在编程的路上指引一个正确的方向。

1. jar 包版本不匹配

在启动 Tomcat 服务器时，可以看到日志文件中显示图 5-9 的错误提示信息。

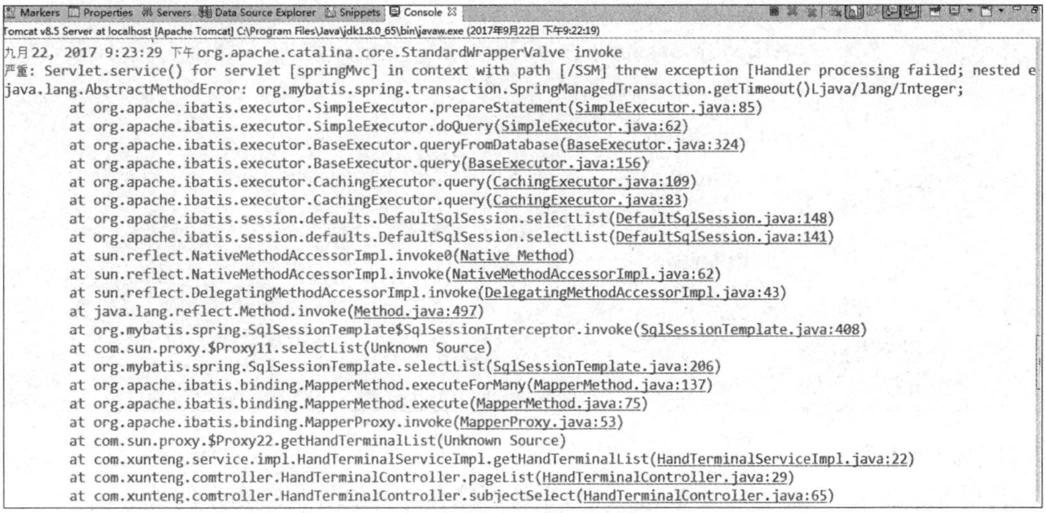

图 5-9　jar 包不匹配错误信息提示

产生原因：pom.xml 文件中 jar 包的版本不匹配。

解决方法：更换 pom.xml 文件中的 jar 包版本。代码如示例代码 5-15 所示：

示例代码 5-15

```xml
<properties>
    <!-- spring 版本号 -->
    <spring.version>3.2.13.RELEASE</spring.version>
    <!-- mybatis 版本号 -->
    <mybatis.version>3.4.1</mybatis.version>
</properties>
```

2. JDK 版本不一致

在 Tomcat 启动时提示：Dynamic Web Module 3.1 requires Java 1.7 or newer。

产生原因：项目中 JDK 版本不一致。

解决方法：三处 Java 版本统一（物料订单管理系统使用的 JDK 版本为 1.8，因此需要将 JDK 版本都修改为 1.8）。

- Java Build Path 的 libraries 中的 JDK 版本信息。
- Java Compiler 中的 JDK 版本信息。
- Project Facet 中的 JDK 版本信息。

以上设置完成后，如果还是提示错误，就需要在 Maven 的 pom.xml 文件中配置版本为 1.8，配置完以后右键项目 → Maven → Update project。配置代码如示例代码 5-16 所示。

示例代码 5-16

```xml
<build>
    <plugins>
        <plugin>
            <groupId>org.apache.maven.plugins</groupId>
            <artifactId>maven-compiler-plugin</artifactId>
            <version>3.1</version>
            <configuration>
                <source>1.8</source>
                <target>1.8</target>
            </configuration>
        </plugin>
    </plugins>
</build>
```

3. Maven 依赖

使用 Maven 管理 jar 包启动 Tomcat 时，系统可能会提示如图 5-10 所示的错误。

图 5-10　错误信息提示

产生原因：Maven 依赖关系没有导入。

解决办法：右键项目→ Properties → Deployment Assembly，看是否有 Maven Dependencies，如果没有，点击"Add"选"Java Build Path Entries"，完成后查看存在 Maven Dependencies 即完成修改。解决步骤如图 5-11 所示。

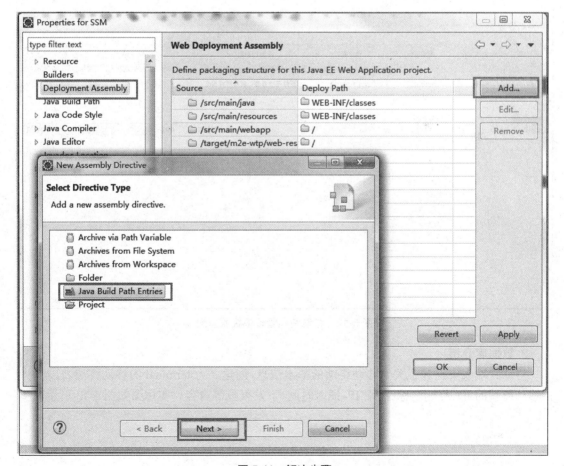

图 5-11　解决步骤

在技能点的学习过程中,了解了 SSM 框架整合错误的处理方法,学习了 SSM 框架的运行机制及框架搭建并实现了物料订单管理系统的网络打印机管理模块的功能,接下来就使用本章所学知识进行框架的搭建以及移动终端管理模块的功能实现。

1. 拓展业务需求

移动终端管理模块的实现:物料订单管理系统中的移动终端管理模块主要用来进行移动终端外部设备的管理以及配置,在此模块中可以进行移动终端设备的添加、修改以及删除等操作。主要设置了每一个移动终端的 ID、终端名称、终端 IP、插入时间、下发权限等信息,这些信息可以被修改,其中的下发权限决定移动终端可以接受哪些物料订单的信息,比如前排靠背的订单被下发到 ID 为 1 的移动终端中,如果该移动终端具有接收前排靠背订单的权限,则能下发成功,如果该移动终端不具有接收前排靠背订单的权限,则下发失败。

移动终端管理模块原型图,如图 5-12 所示。

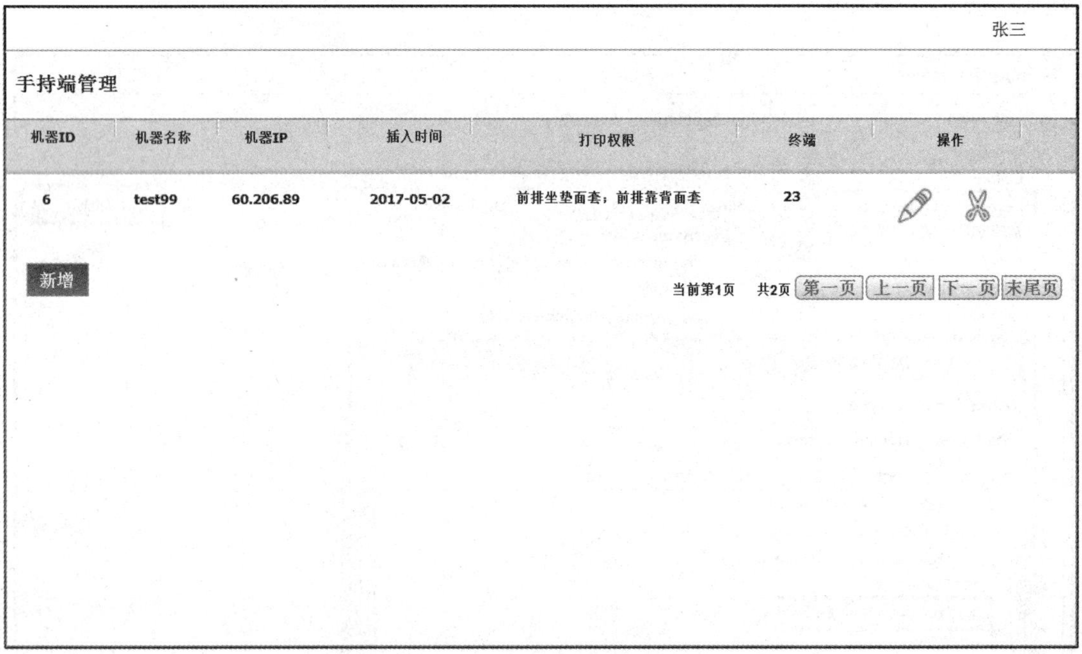

机器ID	机器名称	机器IP	插入时间	打印权限	终端	操作
6	test99	60.206.89	2017-05-02	前排坐垫面套;前排靠背面套	23	✏️ ✂️

手持端管理 张三

新增　　　　　　　　　　　　　　　当前第1页 共2页 [第一页] [上一页] [下一页] [末尾页]

图 5-12　移动终端管理模块原型图

2. 数据库介绍

移动终端表中存放了关于移动终端的基本信息,创建名为 terminal 的移动终端表,表中包括移动终端的 ID、终端名称、终端 IP、插入时间、下发权限等内容。实体图如图 5-13 所示。

第五章　网络打印机与移动终端管理模块实现　　143

图 5-13　terminal 实体图

3. 设计流程

移动终端管理模块设计流程与网络打印机管理是一致的,其流程图如图 5-14 所示。

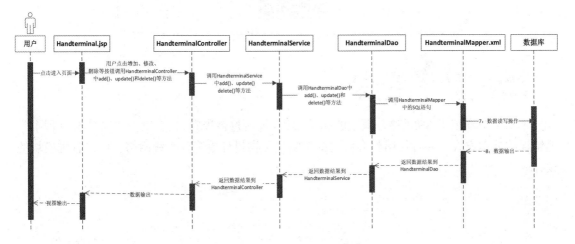

图 5-14　移动终端模块流程图

4. 预期结果

编码工作结束,确认框架搭建完成并实现移动终端模块的业务,预期结果如图 5-15 所示。

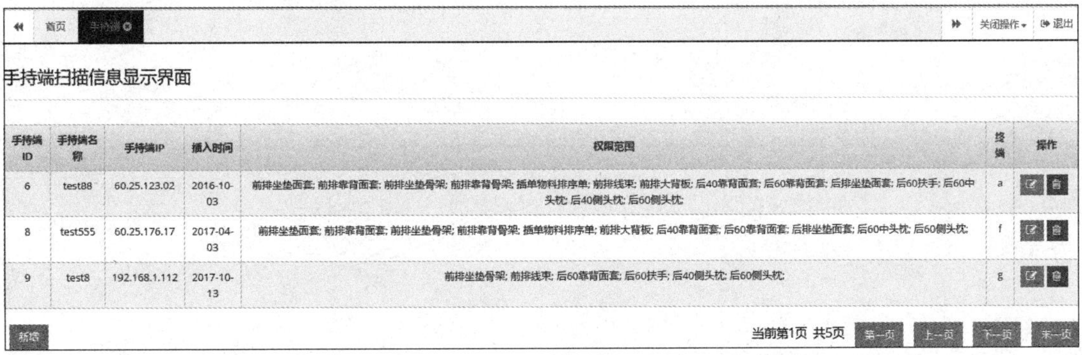

图 5-15　预期结果图

本章主要介绍了 SSM 整合框架的相关知识,包括整合步骤、整合案例以及整合过程中常见错误的处理方式。并且使用整合后的框架实现了物料订单管理系统网络打印机管理模块的设计。

第六章　物料排序单参数配置模块实现

通过实现物料订单管理系统物料排序单的参数配置，了解 Spring MVC 标签的使用范围，熟悉 Spring MVC 标签的使用方法，掌握数据转换的方式，具备能够根据不同需求进行特定标签选择的能力。在本章学习过程中：

- 熟悉 Spring MVC 标签。
- 掌握转换 JSON 和 XML 数据的方式。
- 了解物料排序单参数配置模块对标签种类的需求。
- 实现物料订单管理系统物料排序单参数配置模块的功能。

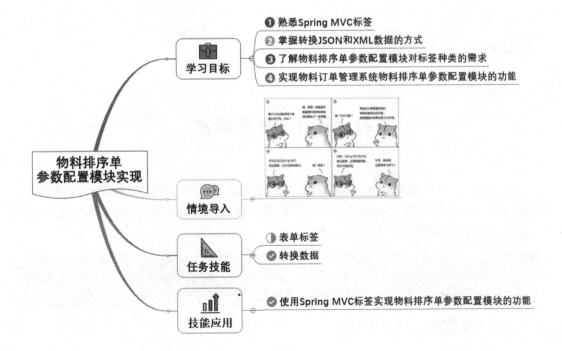

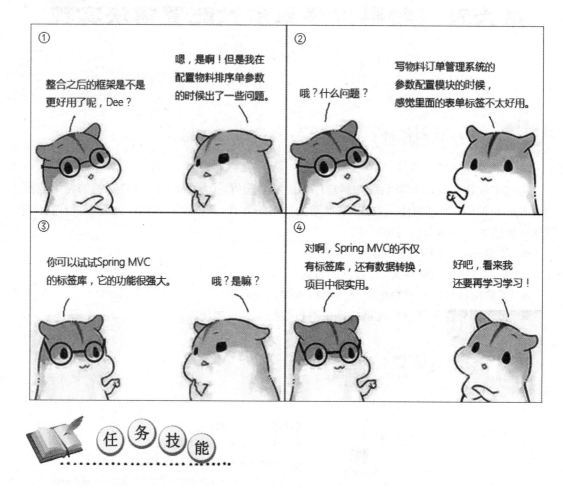

技能点 1　表单标签

使用 Spring MVC 时可以使用其中封装的一系列标签，Spring MVC 标签的实现类位于 spring-webmvc.jar 包中，要想在 JSP 页面中使用表单标签，需要在 JSP 页面的顶部引入指令，引入指令代码如示例代码 6-1 所示。

示例代码 6-1

```
<%@ taglib uri="http://www.springframework.org/tags/form" prefix="form" %>
```

常见的表单标签如表 6-1 所示。

表 6-1 表单标签

名称	描述
form	渲染表单元素
input	渲染 <input type="text"> 元素
password	渲染 <input type="password"> 元素
hidden	渲染 <input type="hidden"> 元素
textarea	渲染 textarea 元素
checkbox	渲染 <input type="checkbox"> 元素
checkboxes	渲染多个 <input type="checkbox"> 元素
radiobutton	渲染 <input type="radio"> 元素
radiobuttons	渲染多个 <input type="radio"> 元素
select	渲染一个选择元素
option	渲染一个可选元素
options	渲染一个可选元素列表
errors	在 span 元素中渲染字段错误

在本章的学习中,将对表格中的标签进行介绍,了解它们的属性并学习如何在项目中使用这些标签。

1. 基础表单标签

(1) form 标签

虽然 Spring MVC 中的 form 标签与 HTML 中的 form 标签类似,但 Spring MVC 中的 form 标签却有自己独特的作用与属性。Spring MVC 的 form 标签主要有两个作用,一是自动绑定来自 Model 中的一个属性值到当前 form 对应的实体对象,默认是 command 属性;二是支持提交表单时使用除 GET 和 POST 之外的其他方法进行提交,还可以使用 OPTION 和 PUT 等方式进行提交。Spring MVC 的 form 标签的属性如表 6-2 所示。

表 6-2 form 标签的属性

属性	描述
modelAttribute	form 绑定的模型属性名称,默认为 command
commandName	form 绑定的模型属性名称,默认为 command
acceptCharset	定义服务器接受的编码集
cssClass	指定表单元素 CSS 样式名
cssStyle	指定 CSS 样式
htmlEscape	boolean 值,表示被渲染的值是否应该进行 HTML 转义
cssErrorClass	表单组件的数据存在错误时,采取的 CSS 样式

注意:modelAttribute 属性与 commandName 属性能够达到同样的效果,通过这两个属性可指定将使用 Model 中的哪个属性作为 form 需要绑定的 command 对象。

(2) input 标签

Spring MVC 中 input 标签的作用是通过 path 属性绑定表单数据,在 Spring MVC 中它会被渲染成类似 HTML input 标签的形式。input 标签可使用的属性如表 6-3 所示。

表 6-3 input 标签的属性

属性	描述
path	要绑定的属性名(常用属性)
cssClass	定义要应用到被渲染的 input 元素的 CSS 类
cssStyle	指定 CSS 样式
cssErrorClass	表单组件的数据存在错误时,采取的 CSS 样式
htmlEscape	boolean 值,表示被渲染的值是否应该进行 HTML 转义

下面通过一个案例来了解 input 标签是如何绑定数据的,并且案例中使用了上面讲解的 form 标签,可对 form 标签进行了解。首先搭建好 Spring MVC 框架,在框架中完成下列操作。

第一步:创建一个 JSP 文件,用于显示商品信息,展现 input 标签绑定的数据。代码如示例代码 6-2 所示。

示例代码 6-2

```jsp
<%@ page language="java" contentType="text/html; charset=UTF-8"
pageEncoding="UTF-8"%>
<%@taglib prefix="form" uri="http://www.springframework.org/tags/form" %>
<!DOCTYPE html ">
<html>
<head>
<meta http-equiv="Content-Type" content="text/html; charset=UTF-8">
<title> 测试 form input 标签 </title>
</head>
<body>
    <h2> 显示页面 </h2>
    <form:form method="post" action="commodity">
        <table>
            <tr>
                <td> 商品名称:</td>
                <td><form:input path="commodity"/></td>
            </tr>
```

```
                <tr>
                    <td> 商品数量:</td>
                    <td><form:input path="count"/></td>
</tr>
        </table>
    </form:form>
</body>
</html>
```

第二步：创建商品的实体类，定义商品名称 commodity 和商品数量 count 两个属性，代码如示例代码 6-3 所示。

示例代码 6-3

```
public class Commodity{
    private String commodity;
    private int count;
    // 省略 get()/set() 方法…
}
```

第三步：创建 Controller 控制器，绑定商品信息，并添加到 model 中，最后跳转到对应的 JSP 页面，代码如示例代码 6-4 所示。

示例代码 6-4

```
@Controller
public class CommodityController {
    @RequestMapping(value="/commodity",method=RequestMethod.POST)
    public String commodityForm(Model model){
    // 向 commodity 中添加值 "商品 1" , "200"
        Commodity commodity = new Commodity();
        commodity.setCommodity(" 商品 1");
        commodity.setCount(200);
        //model 中添加属性 command，值是 commodity 对象
        model.addAttribute("command", commodity);
        return "commodity";
    }
}
```

运行该项目进行标签的测试。测试结果如图 6-1 所示。

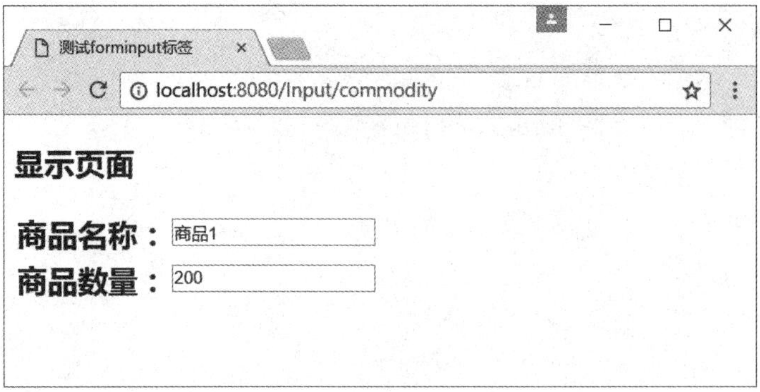

图 6-1 测试 input 标签

在图 6-1 中可以看到添加的数据值已显示到对应的输入框当中。也可以通过在浏览器中右键→查看网页源代码,显示代码如示例代码 6-5 所示。

示例代码 6-5

```
<h2> 显示页面 </h2>
<form id="command" action="commodity" method="post">
    <table>
        <tr>
            <td> 商品名称:</td>
            <td><input id="commodity" name="commodity" type="text" value=" 商品 1 "/></td>
        </tr>
        <tr>
            <td> 商品数量:</td>
            <td><input id="count " name="count" type="text" value="200"/></td>
        </tr>
    </table>
</form>
```

由上述代码可以看出,在浏览器中 Spring MVC 的 input 标签已经被渲染成一个 type 为 text 的 HTML input 标签。当 form 标签没有指定 id 属性时,它会自动获取绑定在 Model 中对应的属性 command 作为 id。在 input 标签中,当没有指定 id 时,它会自动获取 path 绑定的属性作为 id 和 name 属性的值,并将 path 属性绑定的值作为 value 的值。

Spring MVC 中 form 标签默认绑定的是 Model 的 command 属性值。Spring 提供了一个 commandName 属性,可以通过该属性自定义添加到 Model 中的属性名。例如,可以在 Model 中添加的 command 对象修改为 commodity 对象。代码如示例代码 6-6 所示。

示例代码 6-6

@Controller

```
public class CommodityController {
    @RequestMapping(value="/commodity ",method=RequestMethod.POST)
    public String registerForm(Model model){
            // 向 commodity 中添加值"商品 1","200"
            Commodity commodity = new Commodity();
            commodity.setCommodity(" 商品 1");
            commodity.setCount(200);
            //model 中添加属性 commodity，值是 commodity 对象
            model.addAttribute("commodity", commodity);
        return "commodity";
    }
}
```

在 JSP 页面代码中使用 commandName 属性或 modelAttribute 属性。代码如示例代码 6-7 所示。

示例代码 6-7

```
<h2> 显示页面 </h2>
<form:form commandName= "commodity" method="post" action="commodity">
    <table>
            <tr>
                <td> 商品名称：</td>
                <td><form:input path="commodity"/></td>
            </tr>
            <tr>
                <td> 商品数量：</td>
                <td><form:input path="count"/></td>
            </tr>
    </table>
</form:form>
```

运行项目后可以看到结果页面显示与图 6-1 一致。在浏览器中右键→"查看网页源代码"，显示代码如示例代码 6-8 所示。

示例代码 6-8

```
<h2> 显示页面 </h2>
<form id="commodity" action="commodity" method="post">
    <table>
        <tr>
            <td> 商品名称：</td>
```

```
                    <td><input id="commodity" name="commodity" type="text" value="商品
1"/></td>
        </tr>
        <tr>
            <td>商品数量：</td>
            <td><input id="count" name="count" type="text" value="200"/></td>
        </tr>
    </table>
</form>
```

由上述代码可以看出，JSP 页面中使用 commandName 属性自定义了添加到 Model 中的属性名为 commodity 对象后，form 标签的 id 属性自动获取了绑定在 Model 中对应的属性 commodity 作为 id。

（3）password 标签

Spring MVC 的 password 标签相当于一个 type 为 password 的普通 HTML input 标签。password 标签可生成一个密码框，用来绑定表单数据，用法与 input 标签相似。password 标签常用的属性如表 6-4 所示。

表 6-4　password 标签的属性

属性	描述
path	要绑定的属性名
showPassword	表示是否应该显示或遮盖密码，默认值为 false
cssClass	定义要应用到被渲染的 password 元素的 CSS 类
cssStyle	指定 CSS 样式
cssErrorClass	表单组件的数据存在错误时，采取的 CSS 样式
htmlEscape	boolean 值，表示被渲染的值是否应该进行 HTML 转义

password 标签的 showPassword 属性用于是否显示绑定的值，默认的属性为 false，如果想要显示被绑定的值，必须将 showPassword 属性设置为 true。password 标签在 JSP 中的用法与 input 标签相似，代码如示例代码 6-9 所示。

示例代码 6-9

```
<form:password path="password" />
```

上述代码运行时，在浏览器中会被渲染成为 HTML 代码，代码如示例代码 6-10 下所示。

示例代码 6-10

```
<input id="password" name="password" type="password" value=""/>
```

（4）textarea 标签

Spring MVC 中的 textarea 标签相当于 HTML 的 textarea 标签。textarea 是一个文本域标签，可以通过 cols 和 rows 属性来规定 textarea 的尺寸。textarea 标签的属性如表 6-5 所示。

表 6-5　textarea 标签的属性

属性	描述
path	要绑定的属性名
cssClass	定义要应用到被渲染的 textarea 元素的 CSS 类
cssStyle	指定 CSS 样式
cssErrorClass	表单组件的数据存在错误时，采取的 CSS 样式
htmlEscape	boolean 值，表示被渲染的值是否应该进行 HTML 转义
cols	规定文本框的宽度
rows	规定文本框的高度

textarea 标签的使用代码如示例代码 6-11 所示。

示例代码 6-11

```
<form:textarea path="example" rows="5" cols="10"/>
```

上述代码运行时，在浏览器中右键查看网页源代码，显示代码如示例代码 6-12 所示。

示例代码 6-12

```
<textarea id="example" name="example" rows="5" cols="10"></textarea>
```

2. 选择类标签

（1）checkbox 标签

Spring MVC 中的 checkbox 标签相当于 type 为 checkbox 的普通 HTML input 标签。checkbox 是一个复选框标签。checkbox 标签的属性如表 6-6 所示。

表 6-6　checkbox 标签的属性

属性	描述
path	要绑定的属性名
cssClass	定义要应用到被渲染的 checkbox 元素的 CSS 类
cssStyle	指定 CSS 样式
cssErrorClass	表单组件的数据存在错误时，采取的 CSS 样式
htmlEscape	boolean 值，表示被渲染的值是否应该进行 HTML 转义
label	要作为 label 被渲染的复选框的值

- 绑定单个数据

绑定单个数据时，定义一个 boolean 类型的变量，checkbox 的选中状态与 boolean 值一致。复选框选中时，boolean 值为 true；不选中时，boolean 值为 false。

- 绑定列表数据

这里的列表数据可以是数组、List 和 Set。可以使用 checkbox 绑定列表中的数据，当 checkbox 标签的 value 属性值与绑定的列表数据中的某个值相同时，该值对应的复选框为选中状态。

下面通过一个案例来了解 checkbox 标签的使用。

第一步：创建 Choose 实体类，定义两个变量，boolean 类型的 choose 用于绑定单个数据，List<String> 的变量 options 用于绑定列表数据。代码如示例代码 6-13 所示。

示例代码 6-13

```java
public class Choose {
    private boolean choose;
    private List<String> options;
    // 省略 get()/set() 方法 ...
}
```

第二步：创建一个对应的 JSP 页面用于显示复选框及其选中状态，主要代码如示例代码 6-14 所示。

示例代码 6-14

```
<form:form action="checkbox" method="post" commandName="choose">
    <table>
        <tr>
            <td>
                <form:checkbox path="options" value=" 选项 1" label=" 选项 1"/><br/>
                <form:checkbox path="options" value=" 选项 2" label=" 选项 2"/><br/>
                <form:checkbox path="options" value=" 选项 3" label=" 选项 3"/>
            </td>
        </tr>
    </table>
    <form:checkbox path="choose" value="true"/> 已确定选择
</form:form>
```

第三步：创建 Controller 类，创建 choose 对象，将 boolean 类型 choose 定义为 true，向 options 集合中添加"选项 1"和"选项 2"两个元素。将它们添加到 model 中进行绑定，最后跳转到对应的 JSP 页面中。代码如示例代码 6-15 所示。

示例代码 6-15

```
@Controller
public class ChooseController {
    @RequestMapping(value="/checkbox",method=RequestMethod.POST)
    public String checkbox(Model model){
        Choose choose = new Choose();
        // 设置 boolean 变量 choose 的值为 true
        choose.setChoose(true);
        // 为集合变量 options 添加 "选项 1"," 选项 2"
        List<String> list = new ArrayList<String>();
        list.add(" 选项 1");
        list.add(" 选项 2");
        choose.setOptions(list);
        // 向 model 中添加属性 choose，值是 choose 对象
        model.addAttribute("choose",choose);
        return "checkbox";
    }
}
```

运行该项目进行测试。运行结果如图 6-2 所示。

图 6-2　测试 checkbox 标签

（2）checkboxes 标签

Spring MVC 的 checkboxes 标签能够生成多个类型为 checkbox 的 HTML input 标签。即一个 checkboxes 标签可根据其在 items 属性中绑定的数据生成多个复选框。checkboxes 标签的属性如表 6-7 所示。

表 6-7 checkboxes 标签的属性

属性	描述
path	要绑定的属性名
items	用于生成 checkbox 元素对象的 Collection、Map 或 Array
itemLabel	items 属性中定义的 Collection、Map 或 Array 的对象属性，为每个 checkbox 元素提供 label
itamValue	items 属性中定义的 Collection、Map 或 Array 的对象属性，为每个 checkbox 元素提供值
delimiter	定义两个 input 元素之间的分隔符，默认没有分隔符
cssClass	定义要应用到被渲染的 checkbox 元素的 CSS 样式
cssStyle	指定 CSS 样式
cssErrorClass	表单组件的数据存在错误时，采取的 CSS 样式
htmlEscape	boolean 值，表示被渲染的值是否应该进行 HTML 转义

使用 checkboxes 标签时，必须指定两个属性：path 属性，表示要绑定的数据；items 属性，用于生成显示在页面上的复选框的值。当 path 绑定的数据值与 items 中的值相同时，对应的复选框为选中状态。

下面通过一个简单的案例了解 checkboxes 标签的使用。

第一步：创建 Options 实体类，定义一个 List<String> 类型的 options。代码如示例代码 6-16 所示。

示例代码 6-16

```java
public class Options{
    private List<String> options;
    // 省略 get() 和 set() 方法…
}
```

第二步：创建一个对应的 JSP 页面，主要代码如示例代码 6-17 所示。

示例代码 6-17

```jsp
<h2> 测试 checkboxes 标签 </h2>
<form:form modelAttribute="answer" method="post" action="checkboxes">
    <table>
        <tr>
            <td> 选择答案：</td>
            <td><form:checkboxes items="${optionsList }" path="answer"/></td>
        </tr>
    </table>
</form:form>
```

第三步：创建 Controller 类，并创建 answer 对象，向 answer 中添加"选项 1"和"选项 4"两个元素，并绑定到 Model 中。创建 optionsList 对象用于展现复选框，checkboxes 标签会通过这个属性创建对应的复选框。跳转到对应的 JSP 页面中，代码如示例代码 6-18 所示。

示例代码 6-18

```java
@Controller
public class OptionsController {
    @RequestMapping(value="/checkboxes",method=RequestMethod.POST)
    public String registerForm(Model model){
        Options answer= new Options();
        // 为集合 list 添加"选项 1"和"选项 4"
        List<String> list = new ArrayList<String>();
        list.add(" 选项 1");
        list.add(" 选项 4");
        answer.setOptions(list);
        // 页面展现的可供选择的复选框内容 optionsList
        List<String> optionsList = new ArrayList<String>();
        optionsList.add(" 选项 1");
        optionsList.add(" 选项 2");
        optionsList.add(" 选项 3");
        optionsList.add(" 选项 4");
        //model 中添加 answer 和 optionsList
        model.addAttribute("answer", answer);
        model.addAttribute("optionsList",optionsList);
        return "checkboxes";
    }
}
```

运行该项目进行测试。测试结果如图 6-3 所示。

图 6-3　测试 checkboxes 标签

这个例子中的 optionsList 是一个 List 集合，List 集合中的字符串可以通过与 value 属性对应来判断复选框选中状态。而在使用 Map 集合时，Map 集合的 key 被用作 value 的值，Map 集合的 value 被用作显示的文本。使用一个定制的对象时，checkboxes 提供"itemValue"属性存放值，"itemLabel"属性存放文本。

（3）radiobutton 标签

Spring MVC 标签库中的 radiobutton 标签相当于 type 为 radio 的普通 HTML input 标签，用于定义单选按钮，radiobutton 标签的属性如表 6-8 所示。

表 6-8　radiobutton 标签的属性

属性	描述
path	要绑定的属性名
label	要作为 label 用于被渲染单选框的值
cssClass	定义要应用到被渲染的 radio 元素的 CSS 类
cssStyle	指定 CSS 样式
cssErrorClass	表单组件的数据存在错误时，采取的 CSS 样式
htmlEscape	boolean 值，表示被渲染的值是否应该进行 HTML 转义

当 radiobutton 指定的 value 与绑定数据的值相同时，单选按钮为选中状态。

下面通过一个案例学习 radiobutton 标签。

第一步：创建一个实体类 Question，定义一个 question 属性。代码如示例代码 6-19 所示。

示例代码 6-19

```
public class Question {
    private String question;
    // 省略 get() 和 set() 方法…
}
```

第二步：创建 JSP 页面，显示单选框及选中状态，这里定义两个单选框"对"和"错"，主要代码如示例代码 6-20 所示。

示例代码 6-20

```
<form:form modelAttribute="question" method="post" action="radiobutton">
    <table>
        <tr>
            <td>请选择：</td>
            <td>
                <form:radiobutton path="question" value=" 对 " label=" 对 "/>
```

```
                    <form:radiobutton path="question" value=" 错 " label=" 错 "/>
                </td>
            </tr>
        </table>
    </form:form>
```

第三步：创建一个控制器类 QuestionController 类，创建 question 对象，设置它的值为"对"，并添加到 Model 属性中，最后跳转到对应的 JSP 页面。代码如示例代码 6-21 所示。

示例代码 6-21

```
@Controller
public class QuestionController {
    @RequestMapping(value="/radiobutton",method=RequestMethod.POST)
    public String radiobutton(Model model){
        Question question = new Question();
        // 设置 question 值为"对"
        question.setQuestion(" 对 ");
        model.addAttribute("question",question);
        return "radiobutton";
    }
}
```

运行这个项目进行测试。测试结果如图 6-4 所示，单选框"对"为选中状态。

图 6-4　测试 radiobutton 标签

（4）radiobuttons 标签

Spring MVC 中的 radiobuttons 标签将能够生成多个 type 为 radio 的普通 HTML input 标签。即一个 radiobuttons 标签将根据其绑定在 items 元素中的数据生成多个单选框。radiobuttons 可以绑定数组、集合和 Map。radiobuttons 标签是通过 items 属性生成单选框，它的属性如表 6-9 所示。

表 6-9 radiobuttons 标签的属性

属性	描述
path	要绑定的属性名
items	用于生成 radio 元素的对象的 Collection、Map 或 Array
itemLabel	items 属性中定义的 Collection、Map 或 Array 中的对象属性，为每个 radio 元素提供 label
itemValue	items 属性中定义的 Collection、Map 或 Array 中的对象属性，为每个 radio 元素提供值
delimiter	定义两个 input 元素之间的分隔符，默认没有分隔符
cssClass	定义要应用到被渲染的 radio 元素的 CSS 类
cssStyle	指定 CSS 样式
cssErrorClass	表单组件的数据存在错误时，采取的 CSS 样式
htmlEscape	boolean 值，表示被渲染的值是否应该进行 HTML 转义

使用 radiobuttons 标签时必须指定两个属性：path 属性，表示要绑定的数据；items 属性，用来生成显示在页面上的单选框的值。当 path 中的数据与 items 中的数据值相同时，对应的单选框为选中状态。

下面通过一个案例学习 radiobuttons 标签的使用。

第一步：首先创建一个实体类 Question，定义 question 属性。代码如示例代码 6-22 所示。

示例代码 6-22

```
public class Question {
    private String question;
    // 省略 get()/set() 方法…
}
```

第二步：创建 Controller 类，创建 question 对象，向 question 中添加"对"。创建 questionList 对象用于生成单选框。将这两个对象添加到 model 中进行绑定，最后跳转到相应的 JSP 页面中。代码如示例代码 6-23 所示。

示例代码 6-23

```
@Controller
public class QuestionController {
    @RequestMapping(value="/radiobuttons",method=RequestMethod.POST)
    public String radiobuttons(Model model){
        Question question = new Question();
        // 设置 question 值为"对"
        question.setQuestion(" 对 ");
```

```
        // 页面展现可供选择的单选内容 questionlist
        List<String> questionList = new ArrayList<String>();
        questionList.add(" 对 ");
        questionList.add(" 错 ");
        model.addAttribute("question",question);
        model.addAttribute("questionList",questionList);
        return "radiobuttons";
    }
}
```

第三步：创建对应的 JSP 页面，显示创建的单选框以及选中状态。radiobuttons 标签的 items 属性会通过 questionList 对象中添加的内容来创建单选框。主要代码如示例代码 6-24 所示。

示例代码 6-24

```
<form:form modelAttribute="question" method="post" action="radiobuttons">
    <table>
        <tr>
            <td> 请选择：</td>
            <td>
                <form:radiobuttons path="question" items="${questionList}"/>
            </td>
        </tr>
    </table>
</form:form>
```

运行该项目进行测试。测试结果如图 6-5 所示。

图 6-5 测试 radiobuttons 标签

（5）select 标签

Spring MVC 的 select 标签相当于一个 HTML select 标签。select 标签可以嵌套 option 和 options 标签。select 标签的属性如表 6-10 所示。

表 6-10 select 标签的属性

属性	描述
path	要绑定的属性名
items	用于生成 select 元素的对象的 Collection、Map 或 Array
itemLabel	items 属性中定义的 Collection、Map 或 Array 中的对象属性,为每个 option 元素提供 label
itamValue	items 属性中定义的 Collection、Map 或 Array 中的对象属性,为每个 option 元素提供值
cssClass	定义要应用到被渲染的 select 元素的 CSS 类
cssStyle	指定 CSS 样式
cssErrorClass	表单组件的数据存在错误时,采取的 CSS 样式
htmlEscape	boolean 值,表示被渲染的值是否应该进行 HTML 转义

select 标签中的 items 属性可以绑定的数据包括对象、集合、Map 和数组。可以根据绑定的数组为 select 标签生成下拉框内容。

下面通过一个案例了解 select 标签的使用。

第一步:创建实体类 Course,定义一个属性 coursename 代表课程,代码如示例代码 6-25 所示。

示例代码 6-25

```java
public class Course {
    private String coursename;
    // 省略 get() 和 set() 方法 …
}
```

第二步:创建 Controller 类,定义一个 courseList 属性来添加下拉框中的内容,代码如示例代码 6-26 所示。

示例代码 6-26

```java
@Controller
public class CourseController {
    @RequestMapping(value="/select",method=RequestMethod.POST)
    public String selectTest(Model model){
        Course course = new Course();
        // 设置选中的课程为 Java
        course.setCoursename("Java");
        // 用于展现页面中可供选择的下拉框内容
        List<String> courseList = new ArrayList<String>();
        courseList.add("Mybatis");
```

```
            courseList.add("SpringMVC");
            courseList.add("Java");
            model.addAttribute("course",course);
            model.addAttribute("courseList",courseList);
            return "selectTest";
        }
    }
```

第三步：创建 JSP 页面，select 标签的 items 属性会自动加载 courseList 中的数据并将其显示在下拉框中，主要代码如示例代码 6-27 所示。

示例代码 6-27
```
<form:form modelAttribute="course" method="post" action="select">
    <table>
        <tr>
            <td> 选择的课程 </td>
            <td><form:select path="coursename" items="${courseList}"/></td>
        </tr>
    </table>
</form:form>
```

运行这个程序进行测试。Course 对象中添加的属性 Java 与 items 属性中 Java 的值相同，在下拉框未开启时显示的文本为 Java。测试结果如图 6-6 所示。

图 6-6　测试 select 标签

（6）option 标签

Spring MVC 的 option 标签相当于一个 select 标签中的 HTML option 标签，当 select 标签没有在 items 属性中指定数据源时，就可以通过 select 标签中嵌套 option 标签来添加下拉框内容。option 标签的属性如表 6-11 所示。

表 6-11 option 标签的属性

属性	描述
cssClass	定义要应用到被渲染的 option 元素的 CSS 类
cssStyle	指定 CSS 样式
cssErrorClass	表单组件的数据存在错误时，采取的 CSS 样式
htmlEscape	boolean 值，表示被渲染的值是否应该进行 HTML 转义

option 标签嵌套在 select 标签中使用，若 option 的 value 属性与被绑定的值对应，则该条 option 的显示文本会成为下拉框在未开启时显示的文本。option 在页面中的主要代码如示例代码 6-28 所示。

示例代码 6-28

```
<form:form modelAttribute="course" method="post" action="select">
    <table>
        <tr>
            <td>选择的课程</td>
            <td>
                <form:select path="coursename">
                    <form:option value="Mybatis">Mybatis</form:option>
                    <form:option value="SpringMVC">Spring MVC</form:option>
                    <form:option value="Java">Java</form:option>
                </form:select>
            </td>
        </tr>
    </table>
</form:form>
```

（7）options 标签

options 标签相当于多个 HTML option 标签。一个 options 标签可根据其绑定的数据生成下拉框中的内容。options 标签可以根据绑定到 select 标签 items 属性中的集合、数组或者 Map 生成下拉框内容。它的属性如表 6-12 所示。

表 6-12 options 标签的属性

属性	描述
items	用于生成 option 列表元素的 Collection、Map 或 Array
itemLabel	item 属性中定义的 Collection、Map 或 Array 中的对象属性，为每个 option 元素提供 label

续表

属性	描述
ItemValue	item 属性中定义的 Collection、Map 或 Array 中的对象属性,为每个 option 元素提供值
cssClass	定义要应用到被渲染的 option 元素的 CSS 类
cssStyle	指定 CSS 样式
cssErrorClass	表单组件的数据存在错误时,采取的 CSS 样式
htmlEscape	boolean 值,表示被渲染的值是否应该进行 HTML 转义

下面通过一个案例来学习 options 标签,在 Map 集合中添加数据生成下拉框。

第一步:创建实体类 Course,定义一个变量 courseId,代码如示例代码 6-29 所示。

示例代码 6-29

```java
public class Course {
    private Integer courseId;
    // 省略 get() 和 set() 方法 …
}
```

第二步:创建 Controller 类,定义 course 对象绑定数值 2,定义一个 courseMap 对象来添加下拉框内容,代码如示例代码 6-30 所示。

示例代码 6-30

```java
@Controller
public class CourseController {
    @RequestMapping(value="/optionsTest",method=RequestMethod.GET)
    public String optionsTest(Model model){
        Course course = new Course();
        // courseId 绑定数值 2
        course.setCourseId(2);
        // 创建 courseMap 用于生成下拉框中的内容
        Map<Integer,String> courseMap = new HashMap<Integer,String>();
        courseMap.put(1, "Java");
        courseMap.put(2, "SpringMVC");
        courseMap.put(3, "Mybatis");
```

```
            model.addAttribute("course",course);
            model.addAttribute("courseMap",courseMap);
            return "options";
        }
}
```

第三步：创建 JSP 页面，显示下拉框及其内容。主要代码如示例代码 6-31 所示。

示例代码 6-31
```
<form:form modelAttribute="course" method="post" action="optionsTest">
    <table>
        <tr>
            <td> 选择的课程 </td>
            <td>
                <form:select path="courseId">
                    <form:options items="${courseMap }"/>
                </form:select>
            </td>
        </tr>
    </table>
</form:form>
```

运行这个项目进行测试。测试结果如图 6-7 所示，Map 集合中 key 值为 2 的 Spring MVC 课程显示出来。

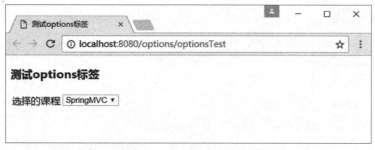

图 6-7　测试 options 标签

3. 高级标签

（1）hidden 标签

Spring MVC 的 hidden 标签相当于一个 type 为 hidden 的普通 HTML input 标签。hidden 标签生成一个隐藏域，隐藏域不可视。它可以绑定表单数据，用法与 input 标签相似。hidden 标签的属性比较简单，具体属性如表 6-13 所示。

表 6-13 hidden 标签的属性

属性	描述
path	要绑定的属性名
htmlEscape	boolean 值,表示被渲染的值是否应该进行 HTML 转义

hidden 标签在 JSP 页面中的用法与 input 标签相似,代码如示例代码 6-32 所示。

示例代码 6-32

```
<form:hidden path="hidden" />
```

上述代码运行时,在浏览器中会被渲染为 HTML 代码,代码如示例代码 6-33 所示。

示例代码 6-33

```
<input id="hidden" name="hidden" type="hidden" value=""/>
```

(2) errors 标签

Spring MVC 的 errors 标签的主要作用是用来显示表单验证时出现的错误信息。errors 标签通过 path 属性来绑定错误信息。当 path 的值为"*"时,可以显示所有的错误信息,如需显示当前对象的某一错误信息,path 属性的值应与所需显示的属性名称相同。errors 标签的属性如表 6-14 所示。

表 6-14 errors 标签的属性

属性	描述
path	要绑定的属性名
cssClass	定义要应用到被渲染的 errors 元素的 CSS 类
cssStyle	指定 CSS 样式
htmlEscape	boolean 值,表示被渲染的值是否应该进行 HTML 转义
delimiter	定义两个 input 元素之间的分隔符,默认没有分隔符

下面通过一个案例了解 errors 标签的使用。

在用户登录时,当输入的用户名或密码为空时,点击"登录"按钮就会显示"用户名不能为空"或"密码不能为空"的错误信息。

第一步:创建一个实体类 User,定义 username 和 password 两个变量。代码如示例代码 6-34 所示。

示例代码 6-34

```java
public class User {
    private String username;
    private String password;
    public User() {
        super();
    }
    // 省略 get()/set() 方法…
}
```

第二步：创建 UserValidator 类并实现 org.springframework.validation.Validator 接口，完成验证功能，用户名为 null 时，输出错误信息"用户名不能为空"；密码为 null 时，输出错误信息"密码不能为空"。代码如例代码 6-35 所示。

示例代码 6-35

```java
public class UserValidator implements Validator{
    @Override
    public boolean supports(Class<?> clazz) {
        return User.class.equals(clazz);
    }
    @Override
    public void validate(Object object, Errors errors) {
        // 验证 username、password 是否为 null
        ValidationUtils.rejectIfEmpty(errors, "username", null," 用户名不能为空 ");
        ValidationUtils.rejectIfEmpty(errors, "password", null," 密码不能为空 ");
    }
}
```

第三步：创建对应的 JSP 页面，提交表单时显示绑定的错误信息，主要代码如示例代码 6-36 所示。

示例代码 6-36

```jsp
<form:form modelAttribute="user" method="post" action="errors">
    <table>
        <tr>
            <td>用户名：</td>
            <td><form:input path="username"/></td>
            <td><font color="red"><form:errors path="username"/></font></td>
        </tr>
```

```html
        <tr>
            <td> 密码 </td>
            <td><form:password path="password"/></td>
            <td><font color="red"><form:errors path="password"/></font></td>
        </tr>
        <tr>
            <td><input type="submit" value=" 登录 "/></td>
        </tr>
    </table>
</form:form>
```

第四步：创建 Controller 类，使用 @InitBinder 注解绑定验证对象。当表单提交时，执行 errors() 方法，若 Error 对象有 Field 错误，重新跳回注册页面，并显示错误信息。代码如示例代码 6-37 所示。

示例代码 6-37

```java
@Controller
public class UserController {
    @RequestMapping(value="/errors",method=RequestMethod.GET)
    public String errorsTest(Model model){
        User user = new User();
        //model 中添加属性 user，值是 user 对象
        model.addAttribute("user",user);
        return "errors";
    }
    @InitBinder
    public void initBinder(DataBinder binder){
        // 设置验证的类为 UserValidator
        binder.setValidator(new UserValidator());
    }
    @RequestMapping(value="/errors",method=RequestMethod.POST)
    public String errors(@Validated User user,Errors errors){
        // 如果 errors 对象有 Field 错误时，重新跳回注册页面，否则正常提交
        if(errors.hasFieldErrors())
            return "errors";
        return "submit";
    }
}
```

运行这个项目进行测试。点击"登录"按钮提交请求,因为提交的内容为 null,验证为 error,请求重新转发到 JSP 页面,errors 标签显示错误提示信息。测试结果如图 6-8 所示。

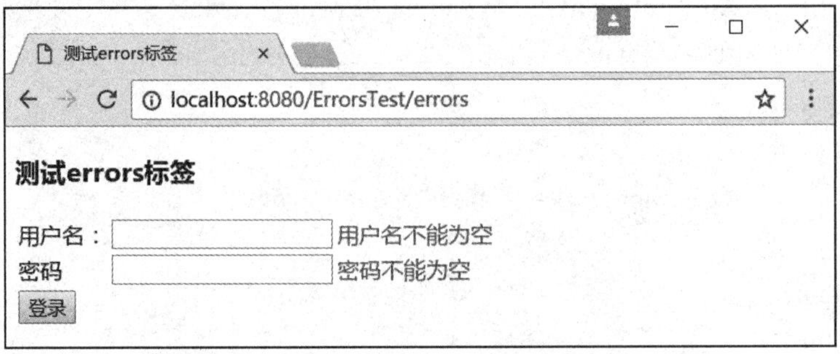

图 6-8 测试 errors 标签

技能点 2 转换数据

1. 转换 JSON 数据

JSON 数据格式在项目中的使用比较普遍,因为 JSON 格式简单且解析方便,例如在 HTML 页面与后台进行数据交互时会使用 JSON。Spring MVC 提供了 HttpMessageConverter 接口(即消息转换器机制)进行 JSON 数据的解析和转换,它可以将请求的数据转换为 Java 对象或将 Java 对象转换为特定的数据格式。接下来主要讲解在 Spring MVC 中如何与前后台转换 JSON 数据。

在 Spring MVC 中,可以使用 @RequestBody 和 @ResponseBody 两个注解进行 JSON 数据的转换,这两个注解分别完成了请求报文到对象和对象到响应报文的转换。转换过程如图 6-9 所示。

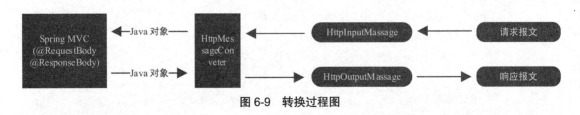

图 6-9 转换过程图

- @ResponseBody 注解

@ResponseBody 可以放在返回值前面或是方法上,该注解支持把返回值放在响应的消息体中,而不是返回一个页面。很多情况下在使用 AJAX 程序的时候,可用此注解返回数据而不是页面。

- @RequestBody 注解

@RequestBody 允许该注解放在参数前,请求的参数在请求消息体中,而不是在链接的地址后面。它将请求消息体中的 JSON 数据绑定到相应的 bean 上,也可以把它绑定到对应的字符串上。

(1)转换 JSON 数据所需配置

①需要的 jar 包

Spring MVC 默认使用 HttpMessageConverter 接口的实现类 MappingJacksonHttpMessage-Converter 对 JSON 数据进行转换,因此除了 Spring 必须的 jar 包外还需要加入 jackson 的 jar 包,jackson 的 jar 包可以把 Java 对象转换成 JSON 对象或 XML 文档,也可以把 JSON 对象或 XML 文档转换成 Java 对象。需要的 jar 包如图 6-10 所示。

图 6-10　JSON 数据转换所需的 jar 包

② XML 文件主要配置内容

在 Spring MVC 配置文件中一定要加入 < mvc:annotation-driven/> 标签,在这里面有默认的转换器,为 JSON 数据与 XML 数据转换提供了支持,配置文件代码如示例代码 6-38 所示。

```
示例代码 6-38
<!-- 开启注解 -->
<mvc:annotation-driven/>
<!-- 静态资源文件访问配置
    mapping:映射后的访问地址
    location:工程路径地址 -->
<mvc:resources mapping="/js/**" location="/WEB-INF/js/" />
```

由于 Spring MVC 会拦截所有请求,因此导致 JSP 页面中对 JS 和 CSS 的引用也被拦截,使用 <mvc:resources mapping="/js/**" location="/WEB-INF/js/"/> 配置,可以把对资源的请求交给项目的默认拦截器而不是 Spring MVC。

(2)转换 JSON 数据案例

经过以上介绍已经对转换 JSON 数据有了初步的了解,下面通过案例了解转换 JSON 数据的详细情况。

第一步：导入 jar 包。将图 6-10 中的 jar 包导入项目即可。

第二步：配置 XML 文件。将示例代码 6-35 中的配置加入 Spring MVC 的 XML 配置文件即可。

第三步：编写实体类。在使用 jackson 把对象和 JSON 数据做转换时，一定要添加无参的构造器，如示例代码 6-39 所示。

示例代码 6-39

```java
public class User {
    private Integer id;
    private String username;
    private String password;
    public User() {
        super();
    }
    // 省略有参构造器、get()/set() 方法与 toString() 方法 ...
}
```

第四步：编写 JSP 页面。在前台 JSP 页面中，发送 AJAX 请求并同时发送 JSON 数据到后台时需要指定 contentType=application/json。需要特别注意的是，使用 jQuery 的 AJAX 提交 JSON 数据时，一定要导入 jQuery 的类库。代码如示例代码 6-40 所示。

示例代码 6-40

```html
<script type="text/javascript" src="${pageContext.request.contextPath}/js/jquery-1.11.1.min.js"></script>
</head>
    <body>
        <button onclick="json()"> 转换 JSON 数据测试 </button>
        <script type="text/javascript">
            function json(){
                // 发送 AJAX 请求
                $.ajax({
                    type:"post", // 请求类型为 post
                    url:"json",  // 访问路径
                    // 传递的参数
                    data:'{"id":"1","username":"admin","password":"123"}',
                    // 发送给服务器的格式
                    contentType:"application/json;charset=utf-8",
```

```
                success:function(data){
                    alert(data);
                }
            });
        }
    </script>
</body>
```

第五步：编写 Controller 层。在 Controller 层中使用 @RequestBody 用于读取 HTTP 请求的内容，通过 Spring MVC 提供的 HttpMessageConverter 接口将从前端获取到的 JSON 数据换成 Java 对象，绑定到 Controller 方法的参数中，使用 @ResponseBody 将接收到的数据返回到页面，主要代码如示例代码 6-41 所示。

示例代码 6-41

```java
@Controller
public class JsonController {
    @RequestMapping(value="json")
    @ResponseBody
    public User json(@RequestBody User user){
        System.out.println(user);
        return user;
    }
}
```

第六步：实现效果。转换 JSON 数据运行效果如图 6-11 至 6-12 所示。

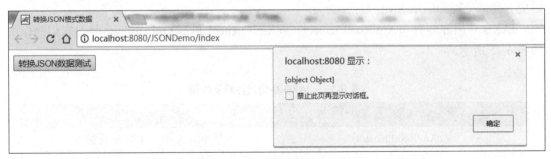

图 6-11　JSON 数据转换页面效果

由图可以看到，前台发送的 JSON 请求到 Controller 层之后被转换为 Java 对象，再从 Controller 层响应返回 JSON 数据类型。

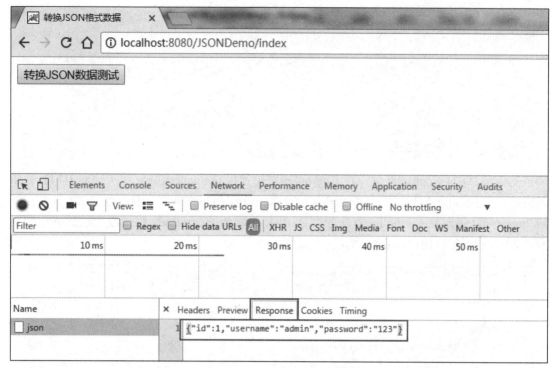

图 6-12　JSON 数据转换后台验证

2. 转换 XML 数据

与 JSON 数据转换类似，在 Spring MVC 中，也提供了处理 XML 数据请求/响应的消息转换器机制。Spring MVC 默认使用 Jaxb2RootElementHttpMessageConverter 转换 XML 格式数据，将请求消息转换到被 @XmlRootElement 注解和 @XmlType 注解注释的类中。

JAXB 是一个业界标准，可以很方便地生成 XML 或 JSON。JAXB 还提供了将 XML 实例文档反向生成 Java 对象的方法，并能将 Java 对象的内容重新写到 XML 实例文档中，使开发时更方便地处理和运用 XML 数据。

JAXB 常用注解有 @XmlRootElement、@XmlElement 和 @XmlAttribute 等。它们的作用如表 6-15 所示。

表 6-15　JAXB 中常用注解及作用

注解	作用
@XmlRootElement	标识 XML 文档的根元素
@XmlElement	标识普通元素
@XmlAttribute	标识元素属性

下面通过案例来了解转换 XML 数据。转换 XML 数据时，用到的 jar 包和 XML 配置与转换 JSON 数据一致，在此不再重复配置。

第一步：编写实体类。转换 XML 数据时，需要在 User 类上面加 @XmlRootElement 注解，在所有属性的 set() 方法上加 @XmlElement 注解，XML 转换器就会转换为 XML 格式的数据。Controller 层返回时转换为什么格式的数据由请求头的 accept 属性来指定，代码如示例代码 6-42 所示。

示例代码 6-42

```
@XmlRootElement
public class User {
    private Integer id;
    private String username;
    private String password;
    public User() {
        super();
    }
    public Integer getId() {
        return id;
    }
    @XmlElement
    public void setId(Integer id) {
        this.id = id;
    }
    public String getUsername() {
        return username;
    }
    @XmlElement
    public void setUsername(String username) {
        this.username = username;
    }
    public String getPassword() {
        return password;
    }
    @XmlElement
    public void setPassword(String password) {
        this.password = password;
    }
    // 省略有参构造方法与 toString() 方法 ...
}
```

第二步：编写 JSP 页面。在前台 JSP 页面中，发送 AJAX 请求并同时发送 XML 数据到后台时需要指定 contentType=application/xml。需要特别注意的是，由于使用 jQuery 的 AJAX 提交 XML 数据,因此一定要导入 jQuery 的类库,主要代码如示例代码 6-43 所示。

示例代码 6-43

```
<title> 转换 XML 格式数据 </title>
<script type="text/javascript" src="${pageContext.request.contextPath}/js/jquery-1.11.1.min.js"></script>
</head>
<body>
    <button onclick="xml()"> 转换 XML 数据测试 </button>
    <script type="text/javascript">
    function xml(){
        // 定义一个 XML 类型的变量
        var xml = "<?xml version=\"1.0\" encoding=\"UTF-8\"?>"
                + "<user><id>1</id><username> 用户 1</username>"
                + "<password>111</password></user>";
        // 发送 XML
        $.ajax({
            url : "xml",
            type : "post",
            data: xml,
            contentType : "application/xml",
            dataType : "json", // 返回数据类型
            success : function(data){
                alert(data);
            }
        });
    }
    </script>
</body>
```

第三步:编写 Controller 层。在 Controller 层中使用 @RequestBody 读取 HTTP 请求的内容,通过 Spring MVC 提供的 HttpMessageConverter 接口将从前端获取到的 XML 数据换成 Java 对象,绑定到 Controller 方法的参数上,使用 @ResponseBody 将接收到的数据返回到页面,代码如示例代码 6-44 所示。

示例代码 6-44

```
@Controller
public class XMLController {
    @RequestMapping(value="index")
```

```
public String index(){
    return "xml";
}
@RequestMapping(value="xml")
public @ResponseBody User xml(@RequestBody User user){
    System.out.println(user);
    return user;
}
```

第四步：实现效果，XML 数据转换结果如图 6-13 所示。

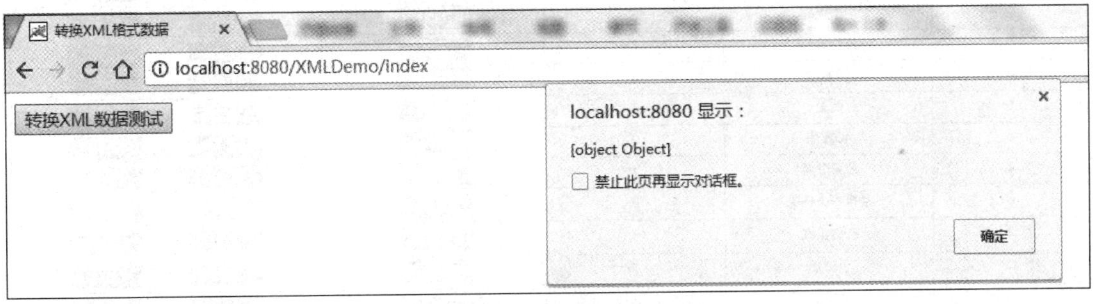

图 6-13 XML 数据转换页面效果

前台发送的 JSON 请求到 Controller 层之后被转换为 Java 对象。在 JSP 页面设置返回数据类型为 JSON 数据类型，结果如图 6-14 所示。

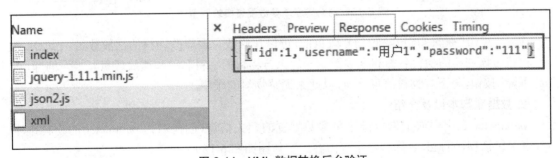

图 6-14 XML 数据转换后台验证

在技能点的学习过程中，了解到 Spring MVC 的标签库以及每个标签的使用方法。接下来根据本章所学的知识，使用 Spring MVC 中的 form 标签、hidden 标签以及 input 标签等实现物料排序单参数配置模块的功能。

1. 拓展业务需求

物料订单管理系统的物料排序单参数配置模块主要用来展示物料的序号以及调整物料的摆放数量。物料的序号对应订单中物料显示的顺序,摆放数量达到一定值时,才可以进行单个订单的打印和下发操作,不满足数量时无法进行打印和下发操作。模块对每一种物料的序号、物料名称和摆放数量等信息进行了设置。其中物料名称是无法修改的。另外提供上升和下降操作可以调整物料的顺序。物料排序单参数配置模块原型如图 6-15 所示。

序号	物料名称	摆放数量	操作	顺序调整	
1	靠背面套	3	编辑	上升	下降
2	坐垫面套	5	编辑	上升	下降
3	坐垫骨架	6	编辑	上升	下降
4	60靠背	4	编辑	上升	下降
5	线束	6	编辑	上升	下降
6	40靠背	9	编辑	上升	下降
7	靠背骨架	1	编辑	上升	下降
8	后排中央扶手	2	编辑	上升	下降
9	60侧头枕	8	编辑	上升	下降
10	大背板	7	编辑	上升	下降
11	后坐垫	4	编辑	上升	下降
12	后排中央头枕	2	编辑	上升	下降
13	40侧头枕	2	编辑	上升	下降

图 6-15 物料排序单参数配置模块原型图

提示:点击"编辑"按钮跳转到修改页面,可以在修改页面修改物料的摆放数量。点击"上升"按钮时该物料的物料名称和摆放数量与它上方物料的物料名称和摆放数量互换。同理,点击"下降"按钮,与下方物料信息互换,以此来调整物料的顺序。

2. 数据库脚本以及介绍

parameter 表中存放了物料排序单参数配置的相关信息,创建名为 parameter 的物料排序表,表中包括物料的 id、名称和数量等内容。实体图如图 6-16 所示。

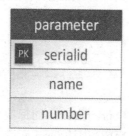

图 6-16 parameter 实体图

3. 设计流程

物料排序单参数配置模块的设计流程如图 6-17 所示。

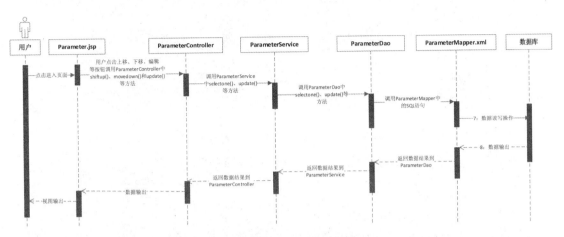

图 6-17 物料排序单参数配置模块顺序图

在编辑的 JSP 文件中，使用本章学习到的 form 标签、hidden 标签以及 input 标签，主要代码如示例代码 6-45 所示。

```
示例代码 6-45
<%@taglib prefix="form" uri="http://www.springframework.org/tags/form" %>
<form:form commandName="parameter1" action="parameterupdate" method="post">
    <table>
        <tr>
            <td>
                <!-- 使用一个 hidden 标签绑定 SerialID 的数据，并隐藏 -->
                <form:hidden path="serialid" placeholder="serialid" title=" 机器 ID"/>
            </td>
            <td>
                <!-- 使用 input 标签绑定物料名称和摆放数量的数据，并显示在对应输入框上 -->
                <!-- 其中 readonly="true" 属性定义该数据不可修改 -->
                <form:input path="name" placeholder="name" readonly="true" title=" 物料名称 "/>
            </td>
            <td>
                <form:input path="number" id="number" placeholder="number" title=" 摆放数量 "/>
```

```html
            </td>
        </tr>
        <tr>
            <td><input type="submit" value=" 保存 "/></td>
        </tr>
    </table>
</form:form>
```

数据上移功能的实现，Controller 主要代码如示例代码 6-46 所示。

示例代码 6-46

```java
// 上移功能
@RequestMapping("shiftup")
    public ModelAndView shiftUp(String serialid){
        int I_ID=Integer.parseInt(serialid);
    // 通过返回的 ID 查询当前数据
    Parameter parameter= parameterService.selectParameterOne(I_ID);
    // 判断该数据前一条数据不为空（实现最顶端数据不可上移）
    if(parameterService.sel2ectParameterOne(I_ID-1)!=null){
        // 查询该数据前一条数据
    Parameter parameter2 = parameterService.selectParameterOne(I_ID-1);
        Parameter parameter3 = new Parameter();
        parameter3.setName(parameter.getName());
        parameter3.setNumber(parameter.getNumber());

        parameter.setName(parameter2.getName());
        parameter.setNumber(parameter2.getNumber());

        parameter2.setName(parameter3.getName());
        parameter2.setNumber(parameter3.getNumber());
        // 通过 Update 语句交换两条数据信息
        parameterService.updateParameter(parameter2s);
        parameterService.updateParameter(parameter);
    }
        // 完成操作后返回物料排序单参数配置界面
        List<Parameter>list = parameterService.selectParameter();

        ModelAndView model = new ModelAndView("parameter/parameter");
```

```
        model.addObject("list",list);
        return model;
    }
```

注：实现数据下移功能的代码与上移类似，根据 ID 查询当前数据与它地下一条数据，交换它们的数据即可。

4. 预期结果

编码工作结束后，实现物料排序单参数配置模块的业务，预期结果如图 6-18 所示。

序号	物料名称	摆放数量	操作	调整顺序
1	靠背面套	1	编辑	上升 下降
2	坐垫面套	1	编辑	上升 下降
3	坐垫骨架	4	编辑	上升 下降
4	60靠背	4	编辑	上升 下降
5	线束	4	编辑	上升 下降
6	40靠背	6	编辑	上升 下降
7	靠背骨架	4	编辑	上升 下降
8	后排中央扶手	4	编辑	上升 下降
9	60侧头枕	4	编辑	上升 下降
10	大背板	4	编辑	上升 下降
11	后排坐垫面套	9	编辑	上升 下降
12	后排中央头枕	23	编辑	上升 下降
13	40侧头枕	40	编辑	上升 下降

图 6-18　物料排序单参数配置模块效果图

充　电　站

通过对标签的学习和使用，使得与用户的交互更加简单方便，想了解更多 HTML 标签与 Spring MVC 标签的相关内容，请扫描下方二维码，还有更多程序员的趣味日常在等你！

本章主要介绍了 Spring MVC 的表单标签，以及如何实现 JSON 数据转换和 XML 数据转换等知识。使用 Spring MVC 的表单标签实现了物料订单管理系统的物理排序单参数配置页面的设计。

第七章 物料排序单打印管理模块实现

通过对 Spring MVC 数据处理的学习,以及物料订单管理系统中物料排序单打印管理模块的实现,了解数据绑定的流程,熟悉数据转换的方式,掌握数据的校验及格式化,具有熟练使用数据转换器转换数据的能力。在本章学习过程中:

- 了解数据绑定的流程以及数据校验的方法。
- 掌握数据转换以及格式化的方式。
- 了解物料排序单打印管理模块的业务需求。
- 实现物料排序单打印管理模块的功能。

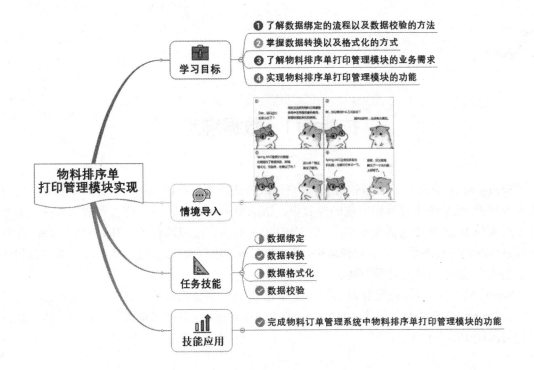

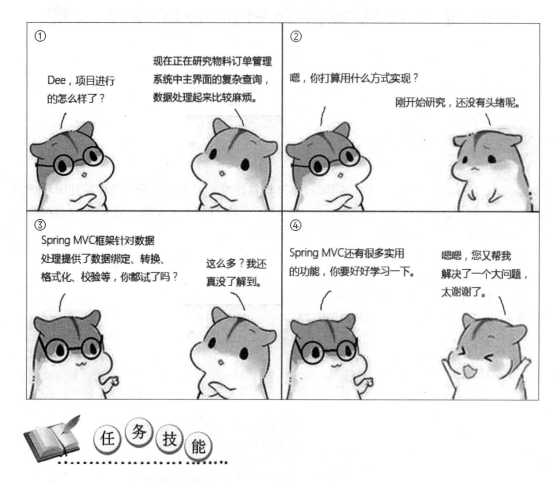

技能点 1　数据绑定

　　Spring MVC 在处理请求数据时,会根据请求方法的不同将请求中所包含的信息以特定方式进行转换,然后绑定到目标方法的参数中。请求中所包含的信息在传入到请求方法之前会经过很多的加工,其中包括数据绑定、数据转换、数据格式化和数据校验等。例如在物料订单管理系统的物料排序单打印管理模块中,需要输入时间进行查询,会将起止时间作为参数传递到控制器中,这个传递的过程中就实现了数据绑定。
　　Spring MVC 可以通过反射机制解析目标处理方法,将请求参数信息绑定到处理方法的参数中。Spring MVC 进行数据绑定的核心组件是 DataBinder(数据绑定器)。Spring MVC 数据绑定的流程如图 7-1 所示。

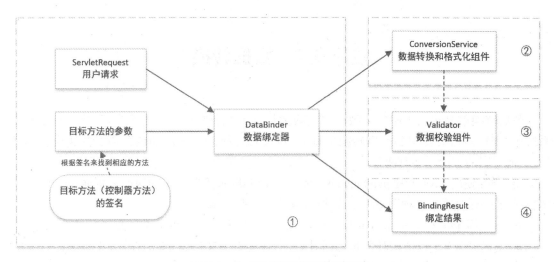

图 7-1　Spring MVC 数据绑定流程

数据绑定过程中用到的组件如表 7-1 所示。

表 7-1　数据绑定过程使用的组件介绍

组件	简介
DataBinder	Spring MVC 数据绑定器，完成数据绑定操作
ConversionService	数据转换和格式化组件，完成数据转换和格式化工作
Validator	数据校验组件，用于进行数据的校验
BindingResult	用于绑定 Spring MVC 处理后的数据

根据图 7-1，可以将数据绑定的流程分解为如下几个步骤。

第一步：用户的请求会产生一个 ServletRequest 对象，根据请求信息获取要处理数据的控制器方法（通过方法的签名来匹配），将 ServletRequest 对象及控制器方法的参数对象实例传递给 DataBinder。这个步骤由 Spring MVC 框架来完成。

第二步：DataBinder 调用在 Spring 中所装配的 ConversionService 组件，完成数据类型转换和数据格式化工作，并将 ServletRequest 中的请求参数填充到控制器参数对象中。

第三步：DataBinder 调用 Validator 组件对已经绑定了请求信息的参数对象进行数据合法性校验。

第四步：DataBinder 将已通过校验的参数对象进行处理并绑定到 BindingResult 对象。此时得到的 BindingResult 对象包含：

● 完成数据绑定后的参数对象。
● 相应的校验错误对象。

Spring MVC 会从 BindingResult 中，抽取参数对象及校验错误对象，并赋值给目标方法中相应的参数。由图 7-1 可以看到，请求参数并不是简单的直接传入到目标方法，而是经过上述的一系列流程。

技能点 2　数据转换

数据转换就是将请求中的参数信息转换为目标方法所需的特定类型，在物料订单管理系统中，有很多需要使用到数据转换的地方，例如按照时间查询的功能就需要要实现数据转换，目前可用的方法主要有两种。

第一种：使用 Java 所提供的 java.beans.PropertyEditor 接口。它的核心功能是将一个字符串转换为 Java 对象。这种"原始"的转换方式存在一些弊端：
- 只能用于字符串和 Java 对象转换，无法适用于任意两个 Java 类型直接转换。
- 对转换对象（包括源对象和目标对象）所在的上下文信息（如注释）并不敏感。

第二种：使用 Spring 的通用转换模块，这个模块位于 org.springframework.coreconvert 包中。它支持任意两种 Java 对象的转换，很好地弥补了 PropertyEditor 方式的不足。由于 Spring 同时支持这两种转换方式，因此 Spring MVC 在进行数据转换时可以搭配使用这两种方式。

1. Spring 通用转换模块

（1）核心组件 ConversionService

Spring 转换模块的核心接口是 org.springframework.core.convert.ConversionService。接口代码如示例代码 7-1 所示。

示例代码 7-1

```java
public interface ConversionService {
    boolean canConvert(Class<?> var1, Class<?> var2);
    boolean canConvert(TypeDescriptor var1, TypeDescriptor var2);
    <T> T convert(Object var1, Class<T> var2);
    Object convert(Object var1, TypeDescriptor var2, TypeDescriptor var3);
}
```

- canConvert(Class<?> var1, Class<?> var2)：判断一个 Java 类是否可以转换为另一个 Java 类。
- canConvert(TypeDescriptor var1, TypeDescriptor var2)：这个方法与上一个的不同在于此处需要转换的类是以成员变量的形式出现的，TypeDescriptor 类型中包含需要转换的类的信息和这个类的上下文信息，编程时可以根据这些信息来灵活的控制类型转换逻辑。
- T convert(Object var1, Class<T> var2)：转换源类型为目标类型对象。
- Object convert(Object var1, TypeDescriptor var2, TypeDescriptor var3)：根据所描述的类的上下文信息把源类型对象转换为目标类型对象。

使用这些方法时，可以利用 org.springframework.context.support.ConversionServiceFactoryBean 在 Spring 配置文件中定义一个 conversionService。配置代码如示例代码 7-2 所示。

示例代码 7-2

```xml
<bean id="conversionService"
  class="org.springframework.context.support.ConversionServiceFactoryBean" />
```

使用过程中可以在 ConversionServiceFactoryBean 中置入多种类型转换器，用于 String、Number、Array、Collection、Map、Properties 和 Object 之间的相互转换。

注册自定义转换器时使用 ConversionServiceFactoryBean 的 converters 属性完成。配置代码如示例代码 7-3 所示。

示例代码 7-3

```xml
<bean id="conversionService"
  class="org.springframework.context.support.ConversionServiceFactoryBean">
    <property name="converters">
        <set>
            <!-- 自定义转换器 -->
            <bean class="com.ssm.convert.String2DateConverter" />
        </set>
    </property>
</bean>
```

（2）类型转换器

Spring 的核心包中定义了 org.springframework.core.convert.converter 包用于存放 Spring 的转换器，包中定义了 Convert、ConverterFactory 和 GenericConverter 三种类型转换器接口。

① Converter 接口

Converter 接口代码如示例代码 7-4 所示。

示例代码 7-4

```java
public interface Converter<S, T> {
    T convert(S var1);
}
```

Converter 接口中定义了 T convert(S var1) 方法，它可以将源类型（S 类型）对象转换为目标类型（T 类型）的对象。例如在物料排序单打印管理模块中将会用到 String 类型到 Date 类型的类型转换器，如示例代码 7-5 所示。

示例代码 7-5

```java
//String 类型到 Date 类型的转换器
public class String2DateConverter implements Converter<String,Date>{
    @Override
```

```
public Date convert(String str) {
    // 声明一个简单的时间格式化对象,用于 String 到 Date 的转换
    SimpleDateFormat simpleDateFormat=new SimpleDateFormat("yyyy-MM ");
    try{
        // 进行转换
        return simpleDateFormat.parse(str);
    }
    catch(Exception a) {
        return null;
    }
}
```

想要使类型转换器生效,需要在 Spring 配置文件中进行注册,注册代码参照示例代码 7-3 所示。

创建一个简单的控制器方法进行测试,验证是否会按照转换器的格式进行数据转换。

第一步,创建控制器,在控制器中创建方法,代码如示例代码 7-6 所示。

示例代码 7-6

```
@RequestMapping(value = "/test")
@ResponseBody
public Date test(Date date){
    System.out.println(date);
    return date;
}
```

根据 String 到时间的类型转换器和属性编辑器中的时间转换格式"yyyy-MM",会将时间按照只保留年和月的格式来进行转换,例如输入"2018/01/30",保留年和月,得到的是"2018/01",Java 中的 Date 类型是一个完整的时间,因此"2018/01"在转换为 Date 类型时,得到的真实时间的日期默认为 1 日。项目运行之后,在浏览器地址栏输入"http://localhost:8080/SSM/test?date=2018/01/30",其中参数 date 的值"2018/01/30"是字符串类型,而由控制台输出看出,字符串类型已经被转换为 Date 类型,效果如图 7-2 所示。

```
Mon Jan 01 00:00:00 GMT+08:00 2018
```

图 7-2 进行转换后的时间数据

② ConverterFactory 接口

ConverterFactory 接口代码如示例代码 7-7 所示。

示例代码 7-7

```java
public interface ConverterFactory<S, R> {
    <T extends R> Converter<S, T> getConverter(Class<T> var1);
}
```

getConverter(Class<T> var1) 方法用于将源类型（S 类型）转换为目标类型（R 类型）及其子类（T 类型），参数为目标类型的类。例如将 String 转换为 Integer 或 Double（Integer 和 Double 是 Number 的子类）。ConverterFactory<S,R> 接口可以将同系列的多个 Converter 进行封装。使用代码如示例代码 7-8 所示。

示例代码 7-8

```java
public final class String2NumberConverter implements ConverterFactory<String,Number>{
    // 获取 Converter
    public <T extends Number> Converter<String, T> getConverter(Class<T> target){
        return new StringToNumberConverter(target);
    }
    // 通过内部类定义 String 到 Number 的类型转换器
    private final class StringToNumberConverter<T extends Number> implements Converter<String, T> {
        private Class<T> enumType;
        public StringToNumberConverter(Class<T> enumType) {
            this.enumType = enumType;
        }
        // 进行转换
        public T convert(String source) {
            Object result=null;
            try{
                result = Integer.parseInt(source.trim());
            }catch(Excption e){
                result=Double.parseDouble(source.trim());
            }finally{
                return (T)result;
            }
        }
    }
}
```

③ GenericConverter 接口

GenericConverter 接口代码如示例代码 7-9 所示。

示例代码 7-9

```java
public interface GenericConverter {
    Set<GenericConverter.ConvertiblePair> getConvertibleTypes();
    Object convert(Object var1, TypeDescriptor var2, TypeDescriptor var3);
    ......
}
```

接口方法 getConvertibleTypes() 的返回值类型（ConvertiblePair）对象用来封装源类型和目标类型。TypeDescriptor 类型参数封装了源类型的上下文信息，因此 GenericConverter 接口的 convert() 方法会根据源类型对象的上下文信息进行类型转换。

GenericConverter 在转换数据时会根据源类型对象的上下文信息进行类型转换，而 Converter 将任意两个类型变量进行直接转换，而不考虑源类型对象的上下文信息。

在使用自定义类型转换器时，只需根据实际需求实现其中任意一种转换器接口，然后按照上述方法将自定义类型转换器注册到 ConversionServiceFactoryBean 中，在 Controller 中就可以直接使用自定义的转换器进行数据转换，Spring 会自动根据需要转换的源类型和目标类型查找对应的转换器。

2. PropertyEditor 属性编辑器

（1）自定义编辑器

Spring MVC 不但支持 Spring 通用转换模块，也支持 JavaBeans 的属性编辑器（PropertyEditor）。通过 JavaBeans 提供的 @InitBinder 注解可以添加自定义编辑器实现数据转换。将示例代码 7-5 所定义的 String 到 Date 类型转换器进行改写，并在控制器中添加数据转换的方法实现数据转换。

第一步：编写自定义编辑器，编辑器的代码如示例代码 7-10 所示。

示例代码 7-10

```java
public class DateEditor extends PropertyEditorSupport{
    @Override
    public void setAsText(String text) throws IllegalArgumentException {
        SimpleDateFormat simpleDateFormat=new SimpleDateFormat("yyyy-MM ");
        try {
            Date date=simpleDateFormat.parse(text);
            setValue(date);
        }
        catch (Exception a)
        {
            a.printStackTrace();
```

```
            }
        }
    }
```

第二步：创建控制器，在控制器中增加 initBinder() 方法，在此方法上使用 @InitBinder 注解使属性编辑器在控制器初始化时进行注册。代码如示例代码 7-11 所示。

示例代码 7-11

```
@InitBinder
    public void initBinder(WebDataBinder binder)
    {
        binder.registerCustomEditor(Date.class,new DateEditor());
    }
```

WebDataBinder 类型对象 binder 用于处理请求消息和进行数据绑定，当传入的 String 类型参数需要转换为 Date 类型时，会通过 binder.registerCustomEditor() 方法进行转换。控制器要想使用定义的属性编辑器进行类型转换时，需要在控制器内单独添加 @InitBinder 注解来进行注册。

（2）全局自定义编辑器

要想使用全局自定义编辑器在全局范围内进行数据转换，需要实现 WebBindingInitializer 接口以及在该实现类中注册自定义编辑器，通过实现 WebBindingInitializer 接口来将示例代码定义的 String 到 Date 转换器注册为全局定义编辑器，示例代码 7-12 所示。

示例代码 7-12

```
public class DateBindingInitializer implements WebBindingInitializer {
    @Override
    public void initBinder(WebDataBinder webDataBinder, WebRequest webRequest) {
        webDataBinder.registerCustomEditor(Date.class,new DateEditor());
    }
}
```

在使用全局自定义编辑器时，不需要在控制器中单独使用 @InitBinder，只需在 Spring MVC 配置文件中配置全局自定义编辑器，即可在全局范围内对相应的数据进行转换。通过配置 AnnotationMethodHandlerAdapter 的属性 webBindingInitializer 来实现全局自定义编辑器的注册。代码如示例代码 7-13 所示。

示例代码 7-13

```
<!-- 在 Spring 3.2 中 org.springframework.web.servlet.mvc.annotation.Annotation
MethodHandlerAdapter 被标记为已弃用 -->
```

```xml
<bean class="org.springframework.web.servlet.mvc.annotation.AnnotationMethodHandlerAdapter">
    <property name="webBindingInitializer">
        <bean class="com.ssm.convert.DateBindingInitializer " />
    </property>
</bean>
```

使用控制器，参考示例代码 7-6 所示的控制器方法进行测试，可以得到如图 7-2 所示的效果。

3. 转换器优先级

针对同一个 Java 数据类型，如果项目存在多个不同自定义转换器或者自定义编辑器对其进行转换时，Spring MVC 在选择转换方式上会遵循以下的优先级：

@InitBinder 装配的自定义编辑器 >ConverterService 装配的自定义转换器 > WebBindingInitializer 装配的全局自定义编辑器

即当一个 Java 类型到另一个 Java 类型拥有多个不同类型的转换器时，会按照上述的优先级进行选择。

技能点 3　数据格式化

1. 概述

Spring MVC 在进行数据转换之后，可以得到所需类型的参数对象，然而当出现将数据库中的 Date 类型数据显示在前台页面中时，例如在物料排序单打印管理模块中需要显示生产时间时，可能会出现"Thu Aug 10 14:48:26 CST 2017"格式的数据，但是这种格式的数据在实际的需求几乎不会使用，而通常使用的是"yyyy-MM-dd HH:ss:mm"格式的，因此需要一个工具来进行数据的格式化。Spring MVC 提供了数据格式化组件用来完成数据的格式化工作。

Java 类型与 String 类型之间的相互转换，就是数据的格式化和解析。Spring MVC 的数据格式化框架从 Spring 3.0 版本开始引入，放在 org.springframework.format 包中，这个框架核心接口是 Formatter。

PropertyEditor 和 Formatter 的都用于 Java 类型和 String 类型的转换，因此可以使用 Formatter 代替 PropertyEditor 进行数据解析和格式化的工作。相比于 PropertyEditor，Formatter 细粒度可以达到字段级别。需要注意的是，PropertyEditor 和 Formatter 只能将 String 类型和其他 Java 类型进行转换，因此源类型和目标类型必须有一者是 String 类型。因此相比于 Converter 转换器，Formatter 更适合在处理用户请求时使用，而 Converter 则适用于任意情况下的数据转换。

2. Formatter 接口

Formatter 属于 Spring 通用转换模块，在 Spring 项目的任意位置都可以使用它来完成数据解析和格式化。

（1）Printer 接口

Printer 接口代码如示例代码 7-14 所示。

示例代码 7-14

```
public interface Printer<T> {
    //Locale 类型的 var2 中包含本地化信息
    String print(T var1, Locale var2);
}
```

Printer 用于对象的格式化，即 Java 类型到 String 的转换。在 Printer<T> 中定义了方法 print(T var1, Locale var2)，它的作用是根据 Locale 类型对象中所包含的本地化信息（用于告知 Spring MVC 如何进行格式化的信息），将 T 类型的对象以某种格式转换为 String 类型的对象。

（2）Parser 接口

Parser 接口代码如示例代码 7-15 所示。

示例代码 7-15

```
public interface Parser<T> {
    T parse(String var1, Locale var2) throws ParseException;
}
```

Parser 用于 String 类型对象的解析。Parser 中定义方法 parse(String var1, Locale var2)，它的作用是根据 Locale 类型对象中所包含的本地化信息，将 String 类型的对象以某种格式转换为 T 类型的对象。

（3）Formatter 接口

Formatter 接口代码如示例代码 7-16 所示。

示例代码 7-16

```
public interface Formatter<T> extends Printer<T>, Parser<T> {
}
```

Formatter 继承 Printer 和 Parser，没有特有的接口方法，可以根据不同的需要来完成 T 类型对象的解析和格式化两种工作。

3.Formatter 接口的使用

在使用 Formatter 转换框架时，首先需要定义一个格式化转换器，用来将 Date 类型的数据进行格式化，代码如示例代码 7-17 所示。

示例代码 7-17

```
// 格式化 Date 类型数据
public class DateFormatter implements Formatter<Date> {
```

```java
        // 定义日期类型模板
        private String datePattern;
        // 日期格式化对象
        private SimpleDateFormat simpleDateFormat;
        // 在构造方法中通过依赖注入的时间类型创建一个日期格式化对象
        DateFormatter(String datePattern){
            this.datePattern = datePattern;
            simpleDateFormat=new SimpleDateFormat(datePattern);
            // 严格限制日期转换类型,例如把 2016-13-3 转换为 2017-1-3
            simpleDateFormat.setLenient(false);
        }


        @Override
        public Date parse(String s, Locale locale) throws ParseException {
            try {
                SimpleDateFormat dateFormat = new SimpleDateFormat(datePattern);
                dateFormat.setLenient(false);
                return dateFormat.parse(s);
            } catch (ParseException e) {
                throw new IllegalArgumentException(" 转换失败 . 请使用此格式化模板:\"" + datePattern + "\"");
            }
        }


        @Override
        public String print(Date date, Locale locale) {
            return simpleDateFormat.format(date);
        }
    }
}
```

DateFormatter 实现了 Formatter 接口,print() 方法用于将 Date 类型对象以 String 形式表示,parse() 方法用于根据指定的 Locale 将一个 String 对象解析为 Date 类型对象。需要在 Spring MVC 的配置文件中配置自定义数据格式转换器,并将日期类型格式注入到转换器中。代码如示例代码 7-18 所示。

示例代码 7-18

```xml
<mvc:annotation-driven conversion-service="conversionService" />
    <bean
```

```xml
    class="org.springframework.format.support.FormattingConversionServiceFactoryBean">
        <property name="formatters">
            <set>
                <bean class="com.ssm.formatter.DateFormatter" c:_0="yyyy-MM"/>
            </set>
        </property>
    </bean>
```

Spring 在格式化框架中定义了一个 FormatterConversionService 类，它实现了 ConversionService 接口，这个类比较特殊，既具有类型转换功能，又有数据格式化功能。

在 Spring MVC 配置文件中，通过 FormattingConversionServiceFactoryBean 既可以注册自定义转换器，也可以注册自定义的格式化转换器，它的两个属性 converter 和 formatter 可以分别用来注册 Converter 类型转换器和 Formatter 格式化转换器。

实际上在 Spring 中已经预先定义了多个格式化转换器。这些 Spring 预定义的转换器配置方式和自定义的转换器配置基本相同。例如，时间格式化转换器 DateFormatter，代码如示例代码 7-19 所示。

示例代码 7-19

```xml
<mvc:annotation-driven conversion-service="conversionService" />
    <bean class="org.springframework.format.support.FormattingConversionServiceFactoryBean">
        <property name="formatters">
            <set>
                <bean class="org.springframework.format.datetime.DateFormatter" p:dataFormatter-ref="yyyy-MM"/>
            </set>
        </property>
    </bean>
```

除了在 Spring MVC 的配置文件中进行注册外，还可以使用 FormatterRegistrar 对 Formatter 进行注册方法代码如示例代码 7-20 所示。

示例代码 7-20

```java
// 注册 DateFormatter 格式化转换器
public class FormatterReg implements FormatterRegistrar{
    private DateFormatter dateFormatter;
    public void setDateFormatter(DateFormatter dateFormatter) {
```

```
            this.dateFormatter = dateFormatter;
        }

        @Override
        public void registerFormatters(FormatterRegistry formatterRegistry) {
            formatterRegistry.addFormatter(dateFormatter);
        }
    }
```

在注册时需重写 registerFormatters() 方法，并通过 FormatterRegistry 类型对象的 addFormatter() 将需要注册的格式化转换器添加进去。然后在 Spring MVC 的配置文件中进行 Registrar 的注册，代码如示例代码 7-21 所示。

示例代码 7-21
```xml
<mvc:annotation-driven conversion-service="conversionService" />
<!-- 注入转换器 bean-->
<bean id="dateFormatter" class="com.ssm.formatter.DateFormatter" c:_0="yyyy-MM "></bean>
<!-- 注册 -->
<bean id="conversionService" class="org.springframework.format.support.FormattingConversionServiceFactoryBean">
    <property name="formatterRegistrars">
        <set>
            <bean class="com.ssm.formatter.FormatterReg"
                p:dateFormatter-ref="dateFormatter"></bean>
        </set>
    </property>
</bean>
```

程序会按照 DateFormatter 中的转换格式 datePattern 进行数据的格式化和解析。使用控制器中如示例代码 7-6 所示的控制器方法进行测试，可以得到如图 7-2 所示的效果。

4. 注解方式实现格式化

之前的几种转换方式都采用了编程式的实现方式。而 AnnotationFormarmatter-Factory<A extends Annotation> 是通过注解方式实现数据的格式化转换。它的实现需要通过以下几个步骤：

第一步，对 Bean 属性进行配置。

第二步，Spring MVC 处理方法参数绑定数据。

第三步，在控制器或实体类上添加注解，使模型数据输出时按照相应的注解进行数据格式化转换。

格式化用到的注解分别是 @DateTimeFormat 和 @NumberFormat。

（1）@DateTimeFormat

此注解主要用于时间类型的属性，例如 java.util.Date 和 java.util.Calendar。其属性如表 7-2 所示。

表 7-2 @DateTimeFormat 的属性

属性	类型	作用
iso	DateTimeFormat.ISO	指定解析/格式化字段数据的 ISO 模式
pattern	String[ ]	指定解析/格式化字段数据的模式
style	String[ ]	指定用于格式化的日期格式

其中 style 属性通常由表示日期样式以及时间样式的两个字符构成，这两个字符取值如表 7-3 所示。

表 7-3 日期和时间样式字符的取值

取值	代表样式
S	短日期或短时间
M	中日期和中时间
L	长日期和长时间
F	完整日期和完整时间
-	不使用格式转换

（2）@NumberFormat

@NumberFormat 用于数字类型的格式转换，其属性如表 7-4 所示。

表 7-4 @NumberFormat 注解的属性

属性	类型	作用
pattern	String[ ]	使用自定义的格式化串
style	NumberFormat.Style	指定用于格式化的日期格式

需要注意的是，这两个注解所有的属性都是互斥的，只能出现其中的一个属性。

这两个注解作用于实体类的属性或者控制器方法的参数，使用在实体类上时如示例代码 7-22 所示。

示例代码 7-22

```java
public class FormatTest{
    // yyyy-MM-dd 日期格式
    @DateTimeFormat(pattern="yyyy-MM-dd")
    Date date;
    // 普通数字格式
    @NumberFormat(style = Style.NUMBER)
    int normal;
    // 百分比格式
    @NumberFormat(style = Style.PERCENT)
    double percent;
    // 货币格式
    @NumberFormat(style = Style.CURRENCY)
    double money;
}
```

两个注解使用在控制器方法参数上时，代码如示例代码 7-23 所示。

示例代码 7-23

```java
public String fomatTest(@DateTimeFormat(pattern="yyyy-MM-dd") Date date,
@NumberFormat(style = Style.NUMBER,pattern = "#,###") int normal){
        // 省略方法体
    }
```

接下来编写测试案例，对以注解方式实现数据格式化转换进行测试。

第一步，创建用于数据输入页面 input.jsp 和成功页面 success.jsp，添加代码如示例代码 7-24 和示例代码 7-25 所示。

示例代码 7-24

```jsp
<%
    String path = request.getContextPath();
    String basePath = request.getScheme()+"://"+request.getServerName()+":"+request.getServerPort()+path+"/";
%>
<form action="<%=basePath %>fomatTest">
    <input type="text" name="date" ><br>
    <input type="text" name="normal" ><br>
    <input type="text" name="percent" ><br>
```

```
<input type="text" name="money"><br>
<input type="submit" value=" 提交 ">
</form>
```

示例代码 7-25

```
<form:form modelAttribute="data" action="" method="post">
    <form:input path="date"/><br>
    <form:input path="normal"/><br>
    <form:input path="percent"/><br>
    <form:input path="money"/><br>
</form:form>
```

第二步，编写控制器，添加控制器方法。代码如示例代码 7-26 所示。

示例代码 7-26

```
@RequestMapping("/toFomatTest")
public String toFomatTest(){
    return "input";
}
@RequestMapping("/fomatTest")
public ModelAndView fomatTest(FormatTest formatTest){
    ModelAndView mv=new ModelAndView();
    mv.setViewName("success");
    mv.addObject("data",formatTest);
    return mv;
}
```

第三步，创建实体类，代码如示例代码 7-22 所示。编写完成后，运行项目通过控制器方法 toFomatTest 访问 input.jsp 页面，输入相应的信息，点击提交后跳转到 success.jsp 页面，可以看到数据成功的转换为相应的格式，转换前后效果如图 7-3 和图 7-4 所示。

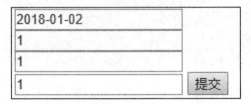

图 7-3 输入界面 input.jsp   图 7-4 成功界面 success.jsp

技能点 4 数据校验

Web 应用是面向所有网络用户群体的，而这些群体中，除了普通的用户外还会有很多恶意用户，并且这两种用户都有可能产生非法数据，即普通用户的错误输入和恶意用户的非法恶意输入。某些情况下非法输入可能导致系统异常，因此 Web 应用通常需要将这些非法数据过滤掉，而这个非法数据的过滤过程就是数据校验。根据 Web 应用机制通常将数据校验分为客户端校验和服务端校验。

- 客户端校验

客户端校验是由客户端程序进行的数据校验。客户端校验一般用来防止正常用户的错误输入，例如：登录或者注册时的用户名密码非空验证等。一般情况下，客户端验证可以通过 HTML 自有的表单验证或者 JavaScript 代码来完成。在使用客户端校验时，可以将大量的错误信息在客户端进行验证和过滤，避免了这些错误数据发送到服务器，可以极大地减少服务器的负担。

- 服务端校验

服务端校验是由服务端程序进行的数据校验。服务端校验一般用来防止恶意用户的恶意输入，而这些恶意输入一般都是客户端无法完成校验的。

客户端校验是不能代替服务端校验的，但是客户端校验也是必不可少的，二者配合才能完成整个数据校验流程。

接下来对服务端校验方式进行讲解。

1. Validation 校验

Validation 校验是 Spring 独立的数据校验框架。Spring MVC 进行数据绑定时可以调用数据校验框架来完成数据校验工作，Spring 数据校验框架所定义在 org.springframe-work.valida-tion 中。接下来对 Validation 校验的部分重要的类和接口进行分析。

（1）Validator 接口

Validator 接口是 Spring 进行数据校验的核心接口，代码如示例代码 7-27 所示。

示例代码 7-27

```
public interface Validator {
    boolean supports(Class<?> var1);
    void validate(Object var1, Errors var2);
}
```

- boolean supports(Class<?> var1)：此方法主要用来对 Class<?> 类型的对象进行校验。
- void validate(Object var1, Errors var2)：对目标类对象 var1 进行数据校验，并将检验到的错误信息保存在 Errors 类型的对象 var2 中。

（2）Errors 类

Errors 用来存放校验过程中发现的错误信息。Spring MVC 在进行数据绑定时，会调用数据校验框架进行数据校验，数据校验框架会对控制器方法的参数对象进行合法化校验，并将校验结果保存在处理后的参数对象中。用于保存校验结果的参数对象类型有两种，分别为 Errors 和 BindingResult。

Errors 对象包含一系列 ObjectError 和 FieldError 对象。其中 FieldError 用于保存被检验对象某个属性的错误。BindingResult 作为 Errors 的扩展，可以同时获取数据绑定结果对象信息。

（3）validationUtils 类

validationUtils 是 Spring 提供的工具类，用于给 Errors 对象保存错误。

（4）LocalValidatorFactoryBean 类

LocalValidatorFactoryBean 同时实现了 Spring 的 Validator 接口和 JSR 303 的 Validator 接口。使用时需要在 Spring 上下文中定义一个 LocalValidatorFactoryBean，Spring 会将 LocalValidatorFactoryBean 注入到需要数据校验的 Bean 中。此处需要注意的是，Spring 本身不提供 JSR 303 实现，若想使用 JSR 303 校验，需要导入相应的实现 jar 包，Spring 会自动加载和装配此实现。

接下来使用 Validation 校验框架，来实现用户注册时的一个简单的校验，包括对用户名和密码的非空校验和长度校验。

第一步，创建一个简单的用户实体类。代码如示例代码 7-28 所示。

示例代码 7-28

```
public class User{
    private String username;
    private String password;
    // 省略 getter 和 setter
}
```

第二步，创建校验器 UserValidator，完成注册校验。代码如示例代码 7-29 所示。

示例代码 7-29

```
public class UserValidator implements Validator {

    @Override
    public boolean supports(Class<?> clazz) {
        // 判断当传入的参数类型为 User 类型是，进行校验
        return User.class.equals(clazz);
    }
    @Override
```

```java
public void validate(Object obj, Errors erros) {
    // 进行非空校验
    ValidationUtils.rejectIfEmpty(erros, "username", null," 用户名不能为空 ");
    ValidationUtils.rejectIfEmpty(erros, "password", null," 密码不能为空 ");
    User user= (User) obj;
    // 当输入不为空时，判断是否符合长度要求
    if (user.getUsername().length()>0){
        if (user.getUsername().length()<4 || user.getUsername().length()>20) {
            erros.rejectValue("username","length"," 用户名长度应为 4-20 个字符 ");
        }
    }
    if (user.getPassword().length()>0){
        if (user.getPassword().length()<6 || user.getPassword().length()>20) {
            erros.rejectValue("password", "size"," 密码长度应为 6-20 个字符 ");
        }
    }
}
```

第三步，在 Spring MVC 配置文件中配置校验器。代码如示例代码 7-30 所示。

示例代码 7-30

```xml
<mvc:annotation-driven validator="userValidator"/>
<bean id="userValidator" class="com.ssm.validator. UserValidator "></bean>
```

第四步，创建控制器，添加控制器方法 register。代码如示例代码 7-31 所示。

示例代码 7-31

```java
public ModelAndView register(@Valid User user,BindingResult result){
    ModelAndView mv=new ModelAndView();
    // 判断是否校验通过
    if (result.hasErrors()) {
        // 有错误信息，表示未通过校验
        // 获取错误
        List<ObjectError> listErrors=errors.getAllErrors();
        String errorStr="";
```

```
            for (ObjectError objectError :listErrors) {
                errorStr+=objectError.getDefaultMessage()+"\n";
            }
            mv. addObject ("message", errorStr);
        }else {
            mv.addObject ("message", " 注册成功 ");
        }
        mv.setViewName("common/register");
        return mv;         }
```

第五步,编写注册的 JSP 页面,添加注册表单和获取校验错误。代码如示例代码 7-32 所示。

示例代码 7-32

```jsp
<%@ page contentType="text/html;charset=UTF-8" language="java" %>
<%
    String path = request.getContextPath();
    String basePath =
request.getScheme()+"://"+request.getServerName()+":"+request.getServerPort()+path+"/";
%>
<%@ taglib prefix="c" uri="http://java.sun.com/jstl/core"%>
<html>
<head>
    <title>Title</title>
</head>
<body>
    <form action="<%=basePath%>register">
        <input type="text" name="username" placeholder=" 用户名 ">
        <input type="password" name="password" placeholder=" 密码 ">
        <input type="submit" value=" 注册 ">
    </form>
    <!-- 用与显示注册信息 -->
    <p>${message}</p>
</body>
</html>
```

当进行注册时,就可以对输入的用户名和密码进行校验。如图 7-5 到 7-7 所示,不同的错误输入会得到相应的校验错误信息,输入符合校验后,显示注册成功。

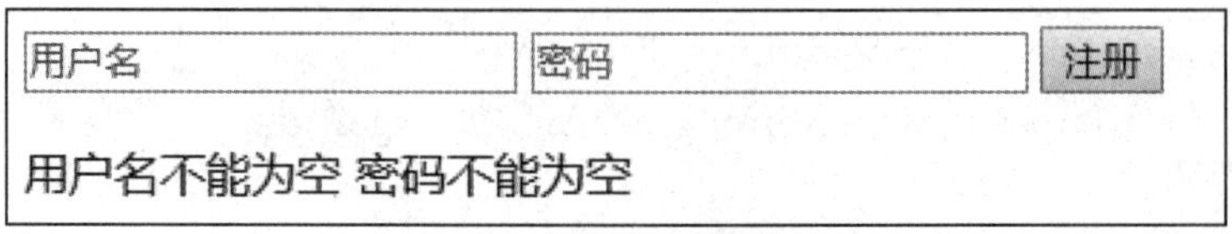

图 7-5 不填写用户名密码

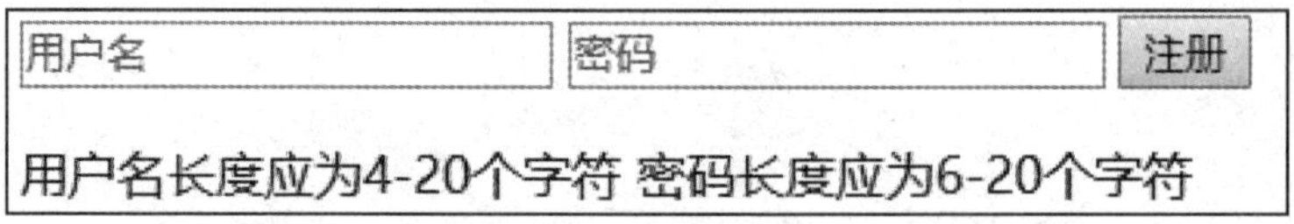

图 7-6 填写不符合长度要求的用户名密码

图 7-7 输入符合要求的用户名和密码

2. JSR 303 校验

JSR 303 是 Java EE 6 中的一项子规范,是 Java 为 Bean 数据的合法性校验所提供的一个标准规范。这个规范就是 Bean Validation。它主要用于对 Bean 中的字段进行验证,是一个基于注解来完成的运行时数据校验框架,会在进行验证之后立刻将错误信息返回。

验证所需的 jar 包如图 7-8 所示。

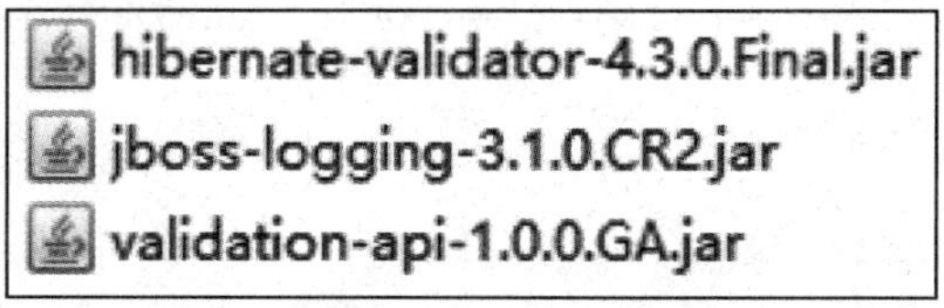

图 7-8 JSR 303 校验所需 jar 包

JSR 303 比较常用的实现方式是 Hibernate Validator,使用了注解来完成校验,可以在需要校验的实体类属性或者控制器的参数上添加这些校验的注解来完成校验工作。其 JSR 303 的原始注解列表如表 7-5 所示。

表 7-5 注解列表

注解	功能	数据类型
@AssertFalse	验证注解的元素值是 false	Boolean,boolean
@AssertTrue	验证注解的元素值是 true	Boolean,boolean
@NotNull	验证注解的元素值不是 null	任意类型
@Null	验证注解的元素值是 null	任意类型

续表

注解	功能	数据类型
@Min(value)	验证注解的元素值大于等于 @Min 指定的 value 值	Number 或 CharSequence 子类型，byte, short, int, long 等数字基本类型
@Max(value)	验证注解的元素值大于等于 @Max 指定的 value 值	Number 或 CharSequence 子类型，byte, short, int, long 等数字基本类型
@DecimalMin(value)	验证注解的元素值大于等于 @DecimalMin 指定的 value 值	Number 或 CharSequence 子类型，byte, short, int, long 等数字基本类型
@DecimalMax(value)	验证注解的元素值小于等于 @DecimalMax 指定的 value 值	Number 或 CharSequence 子类型，byte, short, int, long 等数字基本类型
@Digits(integer,fraction(小数位数))	验证注解的元素值的整数位数和小数位数上限	Number 或 CharSequence 子类型，byte, short, int, long 等数字基本类型
@Size(min,max)	验证注解的元素值的在 min 和 max（包含）指定区间之内，如字符长度、集合大小	字符串、Collection、Map、数组等
@Past	验证注解的元素值（日期类型）比当前时间早	java.util.Date, java.util.Calendar，Joda Time 类库的日期类型
@Future	验证注解的元素值（日期类型）比当前时间晚	java.util.Date, java.util.Calendar，Joda Time 类库的日期类型
@Pattern	验证注解的元素值与指定的正则表达式匹配	String，任何 CharSequence 的子类型
@Valid	指定递归验证关联的对象；如用户对象中有个地址对象属性，如果想在验证用户对象时一起验证地址对象的话，在地址对象上加 @Valid 注解即可级联验证	任何非原子类型

Hibernate Validation 是 JSR 303 的一个实现，它扩展了 JSR 303 的校验注解，其扩展校验注解如表 7-6 所示。

表 7-6　扩展校验注解

注解	功能	数据类型
@NotBlank	检查字符串是否为 Null, Trim 的长度是否大于 0，只针对字符串，且字符串会被去掉前后空格	String
@URL	验证字符串是否是合法的 URL	String
@Email	验证字符串是否是合法的 Email 地址	String
@CreditCardNumber	验证是否为合法的信用卡号码	String

续表

注解	功能	数据类型
@Length(min,max)	验证字符串长度是否介于 min 和 max 之间	String
@NotEmpty	验证属性值是否为空	Array，Collection，Map，String
@Range(min,max)	验证属性值是否介于 min 和 max 之间	Number 或 CharSequence 子类型，byte，short，int，long 等数字基本类型

相对于 Spring 提供的 Validator 接口而言，使用 JSR 303 进行校验更为简单。JSR 303 中使用的注解只是起到了标记性的作用，它不会直接影响到后台代码的运行，只有当它被某些类识别到之后才能起到限制作用。

在技能点的学习过程中，了解了 Spring MVC 的数据绑定、数据转换、数据格式化和数据校验等内容，接下来就使用本章所学的知识，进行物料订单管理系统中物料排序单打印管理模块的实现。

1. 拓展业务需求
- 物料排序单打印管理模块的实现

物料订单管理系统中的物料排序单打印管理模块主要用来进行订单的打印和下发，在此模块中，用户可以通过车型以及开始和结束日期来查询相关订单。用户点击物料名称，跳转到该物料的订单页面。

- 物料排序单打印管理模块原型图

物料排序单打印管理模块原型图，如图 7-9 所示。

- 单个物料打印模块的实现

在主页面点击物料名称，跳转到单个物料打印界面，该页面会显示该物料下所有的车身号、车型和零件号等信息，用户点击手动打印按钮，系统将订单信息以 Excel 的形式进行保存。

- 单个物料打印模块原型图

单个物料打印模块原型图，如图 7-10 所示。

2. 数据库脚本以及介绍

物料排序单打印模块使用的数据较多，直接将二维码中给出的物料排序项目的整个数据库导入到 MySQL 中，从 SQL 文件中不难发现，在开发过程中使用了视图形式来保存本模块所需数据，接下来给出主界面的主要查询方法。二维码给出创建数据库的脚本文件。有兴趣的读者可以通过页面需求以及数据库脚本将 getModel() 方法用另外一种形式进行实现。

主界面查询公共方法代码如示例代码 7-33 所示。

第七章 物料排序单打印管理模块实现

物料排序单打印管理

车身号 [   ]　　开始时间 [   ]　　结束时间 [   ]　　[查询]

序号	车型	前排坐盆骨架		前排等背骨架		前排线束		大背板		后排40%靠背面套	后排60%靠背面套	后排坐垫面套	后排中央扶手	后排40%侧头枕
		主驾	副驾	主驾	副驾	主驾	副驾	主驾	副驾					
1	Clean	6585	空	88842	空	56245	空	8422	7885	485522	721111	252255	空	74125
2	High	空	85785	空	45215	空	45215	空	7852	空	74525	空	4856	53245
3	Clean	8875	空	空	6985	空	6785	空	8585	22521	空	78222	25314	空
4	High	空	空	空	5525	空	96525	空	96525	空	578521	空	空	78544
5	printer05	空	788858	12036	空	12036	空	12036	空	14239	36522	879625	空	空

[新增]　　　　　　　　　　　　　当前第 1 页 共 2 页　[第一页] [上一页] [下一页] [末一页]

图 7-9　物料排序单打印管理模块原型图

单个物料订单打印

物料名称：后排40%靠背面套

[返回] [手动打印] [手动下发]

序号	车身号	车型	零件号	数量
1	070583	Clean	077453	8
2	070689	High	586259	6
3	030654	Clean	785414	7
4	045988	High	632589	8
5	985895	High	784125	5

当前第 1 页 共 2 页　[第一页] [上一页] [下一页] [末一页]

图 7-10　单个物料打印模块原型图

示例代码 7-33

```
public List<PageData> getModel(HttpServletRequest request)throws Exception {
    String co_no = request.getParameter("co_no");
```

```java
                String co_strarttime = request.getParameter("co_strarttime");
                String co_endtime = request.getParameter("co_endtime");
                List<MainModel> list = mainModelService.selectMainModel();
                List<String> realListcono =new ArrayList<String>();
                List<String> realListstart =new ArrayList<String>();
                List<String> realListend =new ArrayList<String>();
                List<String> listcono = mainModelService.selectAllOrCoNo();
// 模糊查询,开始时间
                if (co_no == null || co_no.equals("")) {
                    if(co_strarttime==null||co_strarttime.equals("")){
                    }else{
                        for (String string : listcono) {
                            if(string.contains(co_strarttime)){
                                realListstart.add(string);
                            }
                        }
                        listcono = realListstart;
                        if(co_endtime==null||co_endtime.equals("")){
                        }else{ // 模糊查询,结束时间
                            for(String string :listcono){
                                if(string.contains(co_endtime)){
                                    realListend.add(string);
                                }
                            }
                            listcono=realListend;
                        }
                    }
                } else {
// 模糊查询,车身号
                    for (String string : listcono) {
                        if (string.contains(co_no)) {
                            realListcono.add(string);                    }
                    }
                    listcono = realListcono;
                    if (co_strarttime==null||co_strarttime.equals("")) {
                    }else{
                        for (String string : listcono) {
                            if(string.contains(co_strarttime)){
```

```java
                    realListstart.add(string);
                }
            }
        listcono =realListstart;
        if(co_endtime==null||co_endtime.equals("")){
        }else{
            for(String string :listcono){
                if(string.contains(co_endtime)){
                    realListend.add(string);
                }
            }
            listcono=realListend;
        }
    }
}
List<MainModel> listResult = null;
PageData mapdata = new PageData();
List<PageData> listPd = new ArrayList<PageData>();
// 创建不分前后排的物料类型
String[] strArrNoSeatType = new String[] { "_40 靠背 "," 后坐垫 ","_60 靠
背 "," 后排中央扶手 "," 后排中央头枕 ","_40 侧头枕 ","_60 侧头枕 " };
// 创建分前后排的物料类型
String[] strArrHasSeatType = new String[] { " 坐垫面套 "," 坐垫骨架 ","
靠背面套 "," 靠背骨架 "," 线束 "," 大背板 " };
// 遍历每一种物料的详细信息
for (String string : listcono) {
    PageData pageData = new PageData();
    MainModel get12col = mainModelService.selectByCoNo(string);
    pageData.put(" 车身号 ", get12col.getCo_no());
    pageData.put(" 车型 ", get12col.getAll_no());
    pageData.put(" 序号 ", listcono.indexOf(string));

    for (int i = 0; i < strArrHasSeatType.length; i++) {
// 标记 for 循环
        boolean for1 = true;
        boolean for2 = true;
        for (MainModel om : list) {
```

```java
                        if (om.getCo_no().equals(string) && om.getBom_descCH().
equals(strArrHasSeatType[i]) &&
        om.getSeat().equals(" 主驾 ") && for1)
                                {
                                        pageData.put(om.getBom_descCH() + " 主驾 ",
                                                om.getBom_PN() != null && !om.getBom_
PN().equals("") ? om.getBom_PN() : " 空 ");

                                        for1 = false;
                                } else if (om.getCo_no().equals(string) && om.getBom_de-
scCH().equals(strArrHasSeatType[i])
                                && om.getSeat().equals(" 副驾 ") && for2) {
                                        pageData.put(om.getBom_descCH() + " 副驾 ",
                                                om.getBom_PN() != null && !om.getBom_
PN().equals("") ? om.getBom_PN() : " 空 ");
                                        for2 = false;
                                }
                        }
                        if (for1) {
                                pageData.put(strArrHasSeatType[i] + " 主驾 ", " 空 ");
                        }
                        if (for2) {
                                pageData.put(strArrHasSeatType[i] + " 副驾 ", " 空 ");
                        }
                }
                for (int i = 0; i < strArrNoSeatType.length; i++) {
                        boolean for3 = true;
                        for (MainModel om : list) {
                                if (om.getCo_no().equals(string)
                                        &&
        om.getBom_descCH().equals(strArrNoSeatType[i].replace("_", ""))) {
                                        pageData.put(strArrNoSeatType[i],
                                                om.getBom_PN() != null && !om.getBom_
PN().equals("") ? om.getBom_PN() : " 空 ");
                                        for3 = false;
                                }
                        }
```

```
                    if (for3) {
                        pageData.put(strArrNoSeatType[i], " 空 ");
                    }
                }
                listPd.add(pageData);
            }
            return listPd;
        }
```

3. 设计流程

物料排序单打印管理模块

物料排序单打印管理模块的设计流程如下图所示。参考如图 7-11 执行顺序进行物料排序单打印管理模块的开发。

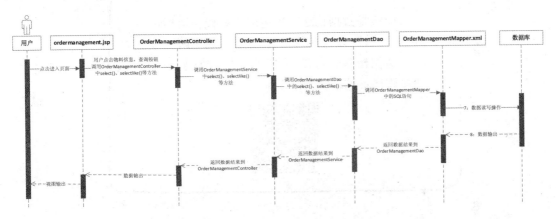

图 7-11 物料排序单打印管理模块顺序图

4. 预期结果

编码工作结束，完成并实现物料排序单打印模块和单个物料打印模块的业务，预期结果如图 7-12 至 7-13 所示。

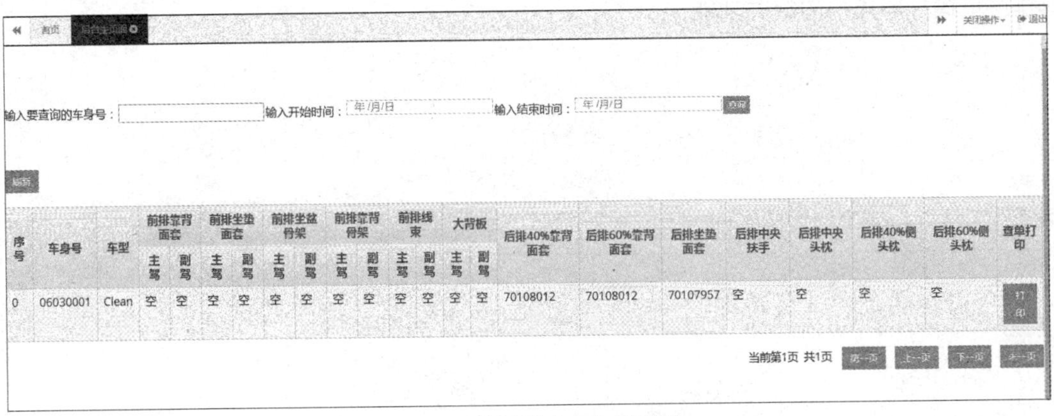

图 7-12 物料排序单打印模块

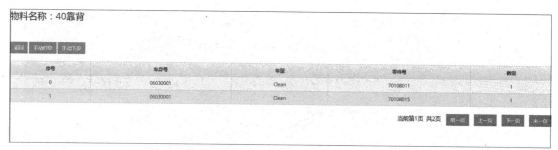

图 7-13　单个物料打印模块

本章主要介绍了 Spring MVC 数据处理的相关知识,包括数据绑定、数据转换、数据格式化和数据校验等内容。并且使用 Spring MVC 数据处理的知识实现了物料订单管理系统的物料排序单模打印模块的相关功能。

第八章 物料排序单打印和下发功能实现

通过对 Spring MVC 文件传输、单点登录和 Socket 相关知识的学习,以及物料订单管理系统中主界面的打印功能和下发功能的实现,了解 Socket 的通信流程,掌握 Spring MVC 文件上传与下载的具体内容,熟悉单点登录的实现流程,具有使用单点登录技术开发应用程序的能力。在本章学习过程中:

- 熟悉 Socket 通信内容以及 Spring MVC 文件的上传与下载。
- 掌握单点登录的实现步骤。
- 了解物料订单管理系统中主界面打印的业务需求。
- 实现物料订单管理系统中主界面打印的功能。

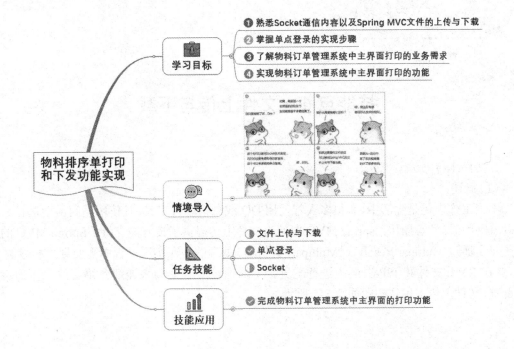

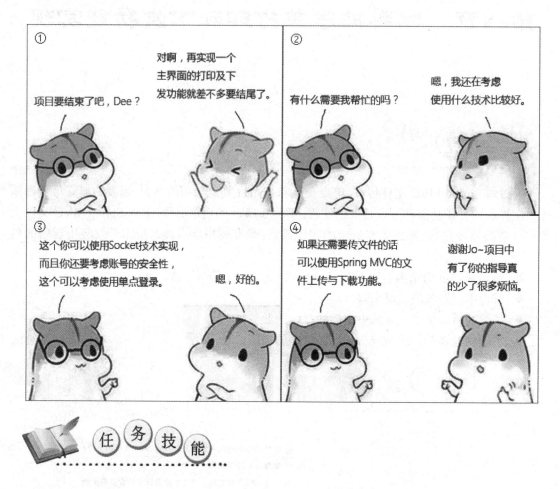

技能点 1　文件上传与下载

1. 文件上传

（1）概述

不论工作中还是生活中，有很多人都使用 QQ 或微信聊天工具，且使用期间常会进行上传图片、证件和文件等操作，Spring MVC 框架为文件上传提供了良好的支持。Spring MVC 的文件上传是通过 MultipartResolver（Multipart 解析器）处理的。在实现过程中需要导入相应的 jar 包，并在 XML 文件和 JSP 页面中进行配置。下面通过一个案例来详细介绍文件上传的步骤及配置，文件上传工程结构图如图 8-1 所示。

第八章　物料排序单打印和下发功能实现　　215

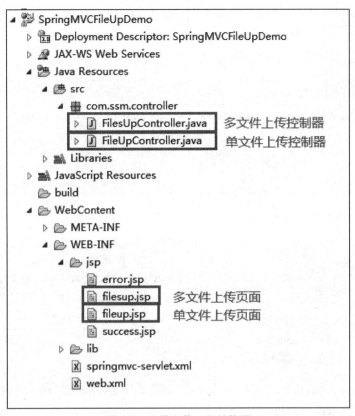

图 8-1　文件上传工程结构图

（2）实现

第一步，导入需要的 jar 包。

除了导入 Spring MVC 框架的必要 jar 包外，使用 Spring MVC 实现文件上传还需要再添加两个 jar 包，这两个 jar 包，均在 Spring 支持库的 org.apache.commons 包中。所需 jar 包如表 8-1 所示。

表 8-1　文件上传所需 jar 包

jar 包	意义
commons-io-2.0.1.jar	文件上传依赖的 IO 包
commons-fileupload-1.2.2.jar	文件上传的 jar 包

第二步，编写文件上传 JSP 页面。

想要实现文件上传，需要在 JSP 页面的 form 表单中将 method 属性设置为 "POST"，enctype 属性设置为 "multipart/form-data"。一旦设置了 enctype 属性的值为 "multipart/form-data" 浏览器便会采用二进制流的方式来处理表单数据并发送给服务端。由于要上传的数据类型是文件类型，因此需要将 input 标签中的 type 属性设置为 file 文件类型。

在上传文件时可能上传一个文件，也可能上传多个文件，因此分为单文件上传和多文件上传。两者的主要区别在于单文件上传时使用 MultipartFile 对象,多文件上传时使用 MultipartFile[] 对象数组。

单文件上传 JSP 代码如示例代码 8-1 所示。

示例代码 8-1

```
<form action="fileup.do" method="post" enctype="multipart/form-data">
        文件:<input type="file" name="fileup" /> <br/>
        <input type="submit" value=" 上传 " />
</form>
```

多文件上传 JSP 代码如示例代码 8-2 所示。

示例代码 8-2

```
<form action="filesup.do" method="post" enctype="multipart/form-data">
        文件:<input type="file" name="files" /> <br/>
        文件:<input type="file" name="files" /> <br/>
        文件:<input type="file" name="files" /> <br/>
        <input type="submit" value=" 上传 " />
</form>
```

第三步,Spring MVC 配置文件。

Spring MVC 的配置文件中默认没有配置 MultipartResolver,因此默认情况下是无法处理上传文件操作的,如需使用,则需要在配置文件中加入 MultipartResolver 配置。代码如示例代码 8-3 所示。

示例代码 8-3

```xml
<!-- 需要在 Spring MVC 的配置文件中配置上传文件的支持 -->
<bean id="multipartResolver"
    class="org.springframework.web.multipart.commons.CommonsMultipartResolver">
    <!-- 设置编码格式 -->
    <property name="defaultEncoding" value="utf-8"/>
    <!-- 临时内存最大值设置 -->
    <property name="maxInMemorySize" value="10240"/>
    <!-- 最大文件大小,-1 为不限制大小 -->
    <property name="maxUploadSize" value="-1"/>
</bean>
```

第四步,Controller 控制器。

单文件上传控制器方法代码如示例代码 8-4 所示。

示例代码 8-4

```java
@Controller
public class FileUpController {

    @RequestMapping(value="index")
    public String index(){
        return "fileup";
    }
    @RequestMapping(value="fileup.do")
    public String fileup(MultipartFile fileup,HttpServletRequest request) throws Exception{
        // 获取服务端路径
        String pathroot = request.getSession().getServletContext().getRealPath("/up");
        // 定义文件路径
        String path = null;
        File file = null;
        // 判断是否有上传文件
        if (!fileup.isEmpty()) {
            // 使用通用唯一识别码 UUID 作为文件名
            String prefix = UUID.randomUUID() + "";
            // 获取文件类型
            String contentType = fileup.getContentType();
            // 获取文件后缀
            String suffix = contentType.substring(contentType.indexOf("/") + 1);
            // 拼接路径
            path = pathroot+"\\" + prefix + "." + suffix;
            System.out.println(path);
            file = new File(path);
            // 判断路径是否存在,不存在就创建一个
            if(!file.exists()){
                file.getParentFile().mkdirs();
            }
            // 写出文件
            fileup.transferTo(file);
            return "success";
        }else{
            return "error";
```

```
        }
    }
```

注意：在单文件上传时，控制器中使用 MultipartFile 类型的 fileup 对象来接收 form 表单传递的 file 文件。

多文件上传控制器方法代码如示例代码 8-5 所示。

示例代码 8-5

```
@Controller
public class FilesUpController {

    @RequestMapping(value="indexs")
    public String indexs(){
        return "filesup";
    }
    @RequestMapping("filesup.do")
    public String filesup(@RequestParam MultipartFile[] files,HttpServletRequest request) throws Exception{

        for (MultipartFile mul : files) {
            // 获取服务端路径
            String pathroot = request.getSession().getServletContext().getRealPath("/upload");
            // 定义文件路径
            String path = null;
            File file = null;
            // 判断是否有上传文件
            if (!mul.isEmpty()) {
                // 使用通用唯一识别码 UUID 作为文件名
                String prefix = UUID.randomUUID() + "";
                // 获取文件类型
                String contentType = mul.getContentType();
                // 获取文件后缀
                String suffix = contentType.substring(contentType.indexOf("/") + 1);
                // 拼接路径
                path = pathroot+"\\" + prefix + "." + suffix;
                System.out.println(path);
                file = new File(path);
                // 判断路径是否存在,不存在就创建一个
```

```
            if(!file.exists()){
                file.getParentFile().mkdirs();
            }
            // 写出文件
            mul.transferTo(file);
        }else{
            return "error";
        }
    }
    return "success";
}
```

注意：在多文件上传时，控制器中使用 MultipartFile[] 类型的对象 files，来接收 form 表单传入的多个 file 文件。

由以上两个控制器可以看到，Spring MVC 会将上传文件绑定到 MultipartFile 类型的对象中，MultipartFile 提供了获取所上传文件的内容和文件名等方法。MultipartFile 对象中还有一些常用的方法，如表 8-2 所示。

表 8-2　MultipartFile 对象常用的方法

方法	描述
byte[] getBytes()	获取文件数据
String getContentType()	获取文件 MIME 类型
InputStream getInputStream()	获取文件流
String getName()	获取表单中文件组件的名称
String getOriginalFilename()	获取上传文件的原名
long getSize()	获取文件的字节大小，单位为 byte
boolean isEmpty()	是否有上传的文件
void transferTo(File file)	将上传文件保存到一个目标文件中

以上步骤编写完成后测试该项目，在 JSP 页面选择文件进行上传，文件上传成功则跳转到上传成功页面（success.jsp），文件上传失败则跳转到上传失败页面（error.jsp）。

2. 文件下载

（1）概述

在浏览网页的过程中通常会有下载图片或文档的需求，这就用到了 Spring MVC 的文件下载技术。Spring MVC 的文件下载与文件上传一样，都需要添加文件操作的 jar 包和其所依赖的 IO 包。文件下载实现相对简单，只需在页面中添加超链接，该链接的 href 属性的值为所需下载文件的文件名。文件下载工程结构图如图 8-2 所示。

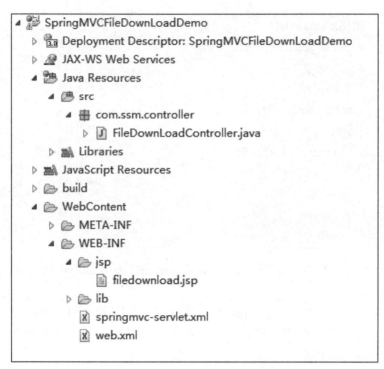

图 8-2　文件下载工程结构图

（2）实现

第一步：导入所需要的 jar 包。

第二步：编写 JSP 页面。

在 JSP 页面中添加超链接标签，显示为"文件下载"，href 属性值的路径中会携带文件的文件名，使用 Apache Commons FileUpload 组件下的 FileUtils 类读取到该文件，并将其构建成 ResponseEntity 对象返回客户端下载，页面主要代码如示例代码 8-6 所示。

示例代码 8-6

```
<body>
    <a href="${pageContext.request.contextPath}/download.do?test.jpg"> 文件下载 </a>
</body>
```

第三步：编写 Controller 控制器。

在 JSP 页面点击"文件下载"，根据路径跳转到对应的 Controller 层，代码如示例代码 8-7 所示。

示例代码 8-7

```
@RequestMapping(value="download.do")
    public ResponseEntity<byte[]> download() throws Exception {
        File file = new File("D:\\test.jpg");
```

```
          //HTTP 头信息
    HttpHeaders headers = new HttpHeaders();
    // 设置下载文件名
    String fileName=new String(" 测试下载 .jpg".getBytes("UTF-8"),"iso-8859-1");
    /* 解决中文名称乱码问题 */
    headers.setContentDispositionFormData("attachment", fileName);
    headers.setContentType(MediaType.APPLICATION_OCTET_STREAM);
    /*MediaType: 互联网媒介类型  contentType: 具体请求中的媒体类型信息 */
          return new ResponseEntity<byte[]>(FileUtils.readFileToByteArray(file), headers,HttpStatus.CREATED);
         }
```

在 Controller 层中对用户下载文件的请求进行了相应的处理。因此在 JSP 页面点击"文件下载"会弹出如图 8-3 所示的对话框，用户可以选择文件名称、保存路径以及文件类型将文件下载到选择的路径下。

图 8-3　文件下载页面图

技能点 2　单点登录

对于目前的网络环境而言,在开发系统中建立一个完善的账号安全系统尤为重要。其中的一个重要手段就是进行多点登录的限制,类似于腾讯 QQ 应用软件的机制,在其他设备上登录同一账号时,当前登录会被踢出。这样就避免了由于自身失误或者一些恶意的账号攻击而产生的问题。单点登录一般有两种情况:一种是异地登录时,踢出当前登录;另一种是仅限当前登录,不允许重复登录。

比较而言,限制当前登录的方法在一定程度上会出现问题,例如当用户刚刚登录,就出现掉线或者其他不可预料的情况后,再次登录时会被限制,只能等到登录超时后才能再次登录。因此一般会在系统中采用异地登录时,踢出当前登录的限制措施。

1. 原理

目前的 Web 系统中,一般都使用 session 存放登录信息,为实现单点登录,可将所有存储登录信息的 session 保存到同一个静态变量中作为当前登录用户的在线列表,对于已经存在的登录信息,在进行重新登录时,需要把当前保存登录信息的 session 销毁,或者清空其登录信息,将原始登录的 session 从保存登录信息的静态变量中移除,完成踢出操作。实现流程如图 8-4 所示。

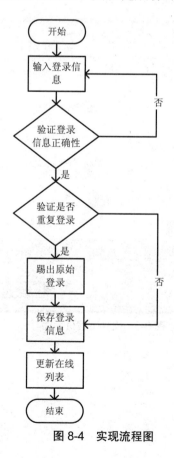

图 8-4　实现流程图

2. 重要接口分析

通过对 session 的监听，可在 session 保存用户登录信息时，将此 session 保存到在线列表中，此处需要使用到 HttpSessionAttributeListener 接口和 HttpSessionListener 接口。首先来分析 HttpSessionListener 接口，代码如示例代码 8-8 所示。

示例代码 8-8

```
public interface HttpSessionListener extends EventListener {
    void sessionCreated(HttpSessionEvent var1);
    void sessionDestroyed(HttpSessionEvent var1);
}
```

HttpSessionListener 接口中共有两个方法：
- void sessionCreated(HttpSessionEvent var1)：在 session 创建时调用。
- void sessionDestroyed(HttpSessionEvent var1)：在 session 销毁时调用。

这里主要用到 sessionDestroyed() 方法，以便在用户登录超时后将该用户 session 从在线列表中移除。

HttpSessionAttributeListener 接口是监听 session 属性的接口，代码如示例代码 8-9 所示。

示例代码 8-9

```
public interface HttpSessionAttributeListener extends EventListener {
    void attributeAdded(HttpSessionBindingEvent var1);
    void attributeRemoved(HttpSessionBindingEvent var1);
    void attributeReplaced(HttpSessionBindingEvent var1);
}
```

此接口中有三个方法：
- void attributeAdded(HttpSessionBindingEvent var1)：在向 session 中添加属性时调用。
- void attributeRemoved(HttpSessionBindingEvent var1)：在移除 session 属性时调用。
- void attributeReplaced(HttpSessionBindingEvent var1)：在替换 session 某属性值的时候调用。

其中常用的是 attributeAdded() 方法和 attributeRemoved() 方法，attributeAdded() 方法主要用于在 session 中保存登录信息时将用户 session 保存到在线列表中。attributeRemoved() 方法主要用于将 session 中保存的登录信息清空，并在清空登录信息之后，调用相应的方法踢出原始登录。

3. 实现

当用户在输入登录信息并提交后，首先需要对用户信息的正确性进行验证，否则会造成只输入正确用户名但是点击登录之后非法踢掉上一次登录。

在进行用户名和密码的正确性验证之后，需要进行重复登录验证，如果非重复登录，就将当前登录的信息存入 session，并通过触发监听将当前保存的登录信息 session 存入到在线列表中。当检测到是重复登录时，将上一次登录时的 session 中的登录信息清空，并通过触发监听踢出在线列表中已登录的 session，即可完成异地登录的踢出操作。接下来实现单点登录案例，其项目结构如图 8-5 所示。

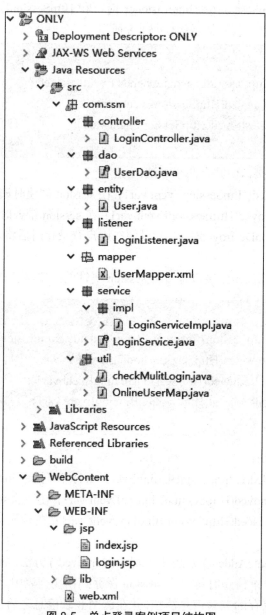

图 8-5　单点登录案例项目结构图

根据结构图新建项目及文件，项目中的实体类、实体类映射文件、DAO 接口、Service 接口和 Service 接口实现类此处不再给出示例代码。本案例给出其余步骤主要代码。步骤如下所示。

（1）创建工具类 OnlineUserMap（在线列表）

完成此操作首先需要一个对象来保存所有在线用户 session 的集合。因此定义一个名为 OnlineUserMap 的类作为相应的 session 容器来存放 session 集合，代码如示例代码 8-10 所示。

示例代码 8-10

```java
public class OnlineUserMap {
    public static List<HttpSession> sessionList=new ArrayList<HttpSession>();
    // 存放用户 session
    public List<HttpSession> getSession() {
        return sessionList;
    }
    public void setSession(List<HttpSession> session) {
        this.sessionList = session;
    }

    // 添加用户 session 到容器
    public void addOnLine(HttpSession se){
        List<HttpSession> selist=this.getSession();
        selist.add(se);
        this.setSession(selist);
    }

    // 从 session 容器中移除用户 session
    public void removeOnLine(String seid){
        List<Integer> listIndex=new ArrayList<Integer>();
        for (HttpSession session:sessionList)
        {
            if(session.getId().equals(seid))
            {
                listIndex.add(sessionList.indexOf(session));
            }
        }
        for (int j = 0; j < listIndex.size(); j++) {
            sessionList.get(listIndex.get(j)).removeAttribute("curUser");
            sessionList.remove(listIndex.get(j));
        }
    }
}
```

上述容器中，分别定义了在线用户添加和移除的操作方法。此容器可用来保存当前所有在线用户的 session。

（2）创建工具类 checkMulitLogin（验证重复登录）

创建验证重复登录的工具类 checkMulitLogin，代码如示例代码 8-11 所示：

示例代码 8-11

```java
public class checkMulitLogin {
    public void checkSuccess(int id) throws Exception{
        List<HttpSession> list = new OnlineUserMap().getSession();
        int index=-1;
        for (HttpSession session:list) {
            if (((User)session.getAttribute("curUser")).getId()==id)
            {
                index=new OnlineUserMap().getSession().indexOf(session);
            }
        }
        if (index!=-1)
            new OnlineUserMap().removeOnLine(list.get(index).getId());
    }
}
```

当判断在线列表中已存在当前想要登录的用户信息时,调用容器的移除方法,将保存当前登录信息的 session 从在线列表中移除。在做出相应的操作之后,会将当前用户登录信息保存到当前的 session 中,此时会触发监听器,将 session 添加到在线列表中,当用户主动做出退出登录操作时,只需从 session 中移除当前的登录信息。

(3) 创建 LoginListener 监听器

创建监听器 LoginListener,在移除当前登录信息时触发,将保存登录信息的 session 从在线列表中移除,代码如示例代码 8-12 所示。

示例代码 8-12

```java
public class LoginListener implements HttpSessionAttributeListener,HttpSessionListener{
    //session 添加属性时触发,调用添加方法,将登录信息添加至在线列表
    @Override
    public void attributeAdded(HttpSessionBindingEvent httpSessionBindingEvent) {
        String username = httpSessionBindingEvent.getName();
        if (username == "curUser")
        {
            new OnlineUserMap().addOnLine(httpSessionBindingEvent.getSession());
        }
    }
    @Override
    public void attributeRemoved(HttpSessionBindingEvent httpSessionBindingEvent) {
```

```
    }

    @Override
    public void attributeReplaced(HttpSessionBindingEvent httpSessionBindingEvent) {

    }

    @Override
    public void sessionCreated(HttpSessionEvent httpSessionEvent) {

    }

    /*session 移除属性时触发,调用移除方法,将保存上次登录信息的 session 从容器
中移除 */
    @Override
    public void sessionDestroyed(HttpSessionEvent httpSessionEvent) {
        String sessionid = httpSessionEvent.getSession().getId();
        new OnlineUserMap().removeOnLine(sessionid);

    }
}
```

（4）配置 web.xml,启动监听器

监听器编写完成后,程序无法自动将其启动,需要在 web.xml 做相应的配置,让程序在启动的过程中将监听器启动。web.xml 配置代码如示例代码 8-13 所示。

示例代码 8-13

```xml
<listener>
    <listener-class>com.test.listener.LoginListener</listener-class>
</listener>
```

（5）创建 loginCotroller 控制器

创建控制器并添加方法 login(),用来做用户登录时的重复登录验证,代码如示例代码 8-14 所示。

示例代码 8-14

```java
@RequestMapping(value ="/login")
public ModelAndView login (HttpServletRequest request, String username, String password)
    {
        ModelAndView mv=new ModelAndView();
        Map<String,Object> result=new HashMap<String,Object>();
```

```java
Map<String,Object> map=new HashMap<String,Object>();
map.put("USERNAME", username);
map.put("PWD", password);
if (userId!=null && userPassword!=null) {
    User appUser = this.userService.checkLogin(map);
    if (appUser!=null)
    {
        try {
            // 重复登录验证
            new checkMulitLogin().checkSuccess(appUser.getId());
            result.put("isok ",true);
            mv.setViewName("index");
            // 保存当前登录信息到 session
            request.getSession().setAttribute("curUser",appUser);
        } catch (Exception e) {
            result.put("isok ",false);
            result.put("errorInfo"," 强制下线失败 ");
            mv.setViewName("login");
        }
    }
    else
    {
        result.put("isok",false);
        result.put("errorInfo"," 用户名密码输入错误 !");
        mv.setViewName("login");
    }
    mv.addObject("result",result);
    return result;
}
```

上述示例中，首先通过与数据库中保存的信息进行对比完成用户名密码的正确性验证，然后调用重复性验证工具类中的验证方法，判断是否为重复登录。在通过登录信息正确性和重复登录验证后，需要对在线列表和 session 进行操作。

（6）创建 login.jsp

通过上述的步骤即可实现 Web 项目登录时的"顶号"操作，被顶号后，因为原登录失效，因此在原登录方刷新界面或者进行其他需要获取登录信息的操作时，提示用户重新登录并跳转到登录界面。登录页面 login.jsp 代码如示例代码 8-15 所示。

示例代码 8-15

```jsp
<%@ page contentType="text/html;charset=UTF-8" language="java" %>
<html>
<%
    String path = request.getContextPath();
    String basePath = request.getScheme() + "://" + request.getServerName() + ":" + request.getServerPort() + path + "/";
%>
<head>
    <script src="<%=basePath%>static/js/jq.js"></script>
    <title>Title</title>
</head>
<body>
    <p id="errorInfo"></p>
    <input id="name" type="text" name="name"/>
    <input id="pwd" type="password" name="pwd"/>
    <span onclick="javascript:submit()" style="cursor: pointer"> 登录 </span>
<script>
function submit() {
        var name = $("#name").val();
        var pwd = $("#pwd").val();
        var data={
            name:name,
            pwd:pwd
        }
        $.post("/user/login",data,function (data) {
            console.log(data.result);
            if(result.isok==true)
            {
                window.location.href="<%=basePath%>user/list";
            }
            else
            {
                $("#errorInfo").append(result.errorInfo)
            }
        });
    }
</script>
```

```
        </body>
    </html>
```

（7）创建 index.jsp

在示例代码 8-15 中，在提交登录信息之后，若登录验证不成功，则返回相对应的错误信息并显示在登录页面中。若登录成功，跳转至主页面 index.jsp，代码如示例代码 8-16 所示。

示例代码 8-16

```
<%
        String path = request.getContextPath();
        String basePath = request.getScheme()+"://"+request.getServerName()+":"+request.getServerPort()+path+"/";
%>
<%@ page contentType="text/html;charset=UTF-8" language="java" %>
<html>
<head>
    <title>Title</title>
</head>
<body>
<%if(session.getAttribute("curUser")==null){%>
<script type="text/javascript">
    alert(" 登录已失效，请重新登录！");
    window.top.location.href='<%=basePath%>user/toLogin';
</script>
<%}%>
测试用主页面
</body>
</html>
```

由上述代码可知主页面中进行了登录信息的验证，若验证不通过，则提示用户登录已失效，需要重新登录并跳转至登录页面。

（8）配置页面访问路径

由于 Spring MVC 会拦截所有的请求，程序无法直接访问到 JSP 页面。因此需要在控制器中做一定的操作。这里通过访问控制页面跳转的控制器方法，实现页面跳转。

● 跳转到测试主页的控制器方法，代码如示例代码 8-17 所示。

示例代码 8-17

```
@RequestMapping(value = "/index")
public String index(HttpServletRequest request){
```

```
        return "/show";
    }
```

- 跳转到登录页面的控制器方法，代码如示例代码 8-18 所示。

示例代码 8-18

```
@RequestMapping(value = "/toLogin")
public String toLogin(HttpServletRequest request){
    return "/login";
}
```

可以看到，在控制器方法中返回了需要跳转的路径。在 Spring MVC 的配置文件中提到了视图解析器的配置，而视图解析器会处理控制器返回的字符串，为返回的字符串添加配置好的前缀和后缀，组成一个有效的 JSP 文件路径并进行跳转。

（9）配置视图解析器

视图解析器配置代码如示例代码 8-19 所示。

示例代码 8-19

```
<bean class="org.springframework.web.servlet.view.InternalResourceViewResolver">
    <property name="prefix" value="/WEB-INF/jsp/"/>
    <property name="suffix" value=".jsp"/>
</bean>
```

prefix 属性为前缀，suffix 属性为后缀，则处理后的链接地址就变成了"/WEB-INF/jsp/ 控制器返回的字符串 .jsp"，即一个 JSP 文件的路径。通过这种方法可以完成 JSP 页面的访问。

技能点 3　Socket

在日常领域及信息化工业领域的需求中，很多情况下需要使用网络编程。那什么是网络编程呢？网络编程即通过使用套接字（Socket）来达到进程间通信的编程。其主要工作就是在发送端把信息通过规定好的协议进行组装和包装操作，在接收端按照规定好的协议把接收到的数据进行解析，从而提取出对应的信息，达到通信的目的。现在比较流行的网络编程模型是 C/S 结构（客户端 / 服务器结构）。在这种模型中服务器一直处于运行状态，监听网络端口。一旦有客户请求，就启动一个服务进程来响应该客户端，同时继续监听服务端口，使其他客户也能及时得到所请求的服务。

网络编程在一般情况下都和协议密不可分，而实现网络编程所使用的协议主要是 TCP 和 UDP，这里协议的详细知识点不作为重点讲解。

1.Socket 概述

Socket 是计算机网络通信的技术之一。如今大多数基于网络的软件,如浏览器、实时通讯工具等都是基于 Socket 实现的。网络上的两个程序通过一个双向的通讯连接实现数据的交换,这个双向链路的一端称为一个 Socket,通常用来连接服务器端和客户端,建立网络通信连接时至少需要一对 Socket。

Socket 处于网络协议的传输层,编程中通常使用的协议是 TCP/IP 协议。Socket 可以由一个 IP 地址和一个端口号来唯一确定。

2.Socket 通信流程

Socket 也属于客户端/服务器模型。服务端会对某个端口进行监听,客户端在需要时对服务端发出请求,服务端在接收到请求之后向客户端发送接收的消息,完成连接的建立。这时 Socket 就可以通过相应的协议来进行通信。

以基于 TCP 协议网络通信的流程为例,在进行 Socket 编程时,首先在服务端创建服务 Socket 绑定相应的端口,并在指定的端口进行监听,等待客户端连接。然后,客户端创建 Socket 并在需要时向服务端发出连接请求,服务端在接收到请求之后与客户端建立连接,进行通信。服务端与客户端使用输入流和输出流(InputStream 和 OutputStream)进行数据的发送、接收和响应等。最后,在双方通信完成以后,关闭 Socket 以及相关的资源。其流程如图 8-6 所示。

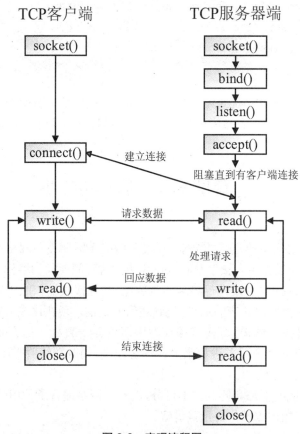

图 8-6　实现流程图

3. 实现

在对 Socket 知识进行了解之后，下面使用所学知识实现物料订单管理系统订单打印模块的下发功能。

在物料订单打印模块中，需要将物料订单进行下发；当用户点击下发按钮，将当前列表中的数据下发到客户端当中；当有外部设备连接时，系统就可以将数据下发到外部设备中（当前系统不涉及外部设备讲解，将订单信息下发到控制台以完成下发功能）。实现过程中重要代码如下所示。

ClientList 类是一个 List<Socket> 静态变量，用来存放所有已连接的客户端，代码如示例代码 8-20 所示。

示例代码 8-20

```java
import java.net.Socket;
import java.util.ArrayList;
import java.util.List;

public class ClientList {
    private static List<Socket> LIST_CLIENT;
    List<Socket> getList(){
        return this.LIST_CLIENT;
    }
    void addList(Socket client){
        if (this.LIST_CLIENT!=null)
        {
            this.LIST_CLIENT.add(client);
        }else{
            this.LIST_CLIENT=new ArrayList<>();
            this.LIST_CLIENT.add(client);
        }
    }
}
```

ServerThread 类是一个线程，用来异步启动服务器，监听客户端连接，代码如示例代码 8-21 所示。

示例代码 8-21

```java
import java.net.ServerSocket;
import java.net.Socket;
```

```java
public class ServerThread implements Runnable {
    public static boolean IS_START=false;
    @Override
    public void run() {
        try {
            if (!IS_START)
            {
                this.IS_START=true;
                ClientList clientList=new ClientList();
                // 服务端在 10000 端口监听客户端请求的 TCP 连接
                ServerSocket server = new ServerSocket(10000);
                Socket client = null;
                boolean f = true;
                while(f){
                    // 等待客户端的连接
                    client = server.accept();
                    // 将已连接的客户端保存到静态变量 clientList 中
                    clientList.addList(client);
                    System.out.println(" 与客户端连接成功！");
                }
            }
        } catch (Exception e) {}
    }
}
```

StartServer 类是一个工具类，用来启动 Socket 服务器的异步线程，代码如示例代码 8-22 所示。

示例代码 8-22

```java
public class StartServer {
    public void start() {
        Thread thread=new Thread(new ServerThread());
        thread.start();
    }
}
```

IssUedOneController 类是一个控制器类，用来从容器里得到现在已连接的客户端，并且下发查询到的数据。代码如示例代码 8-23 所示。

示例代码 8-23

```java
import java.io.IOException;
import java.util.List;
import org.springframework.beans.factory.annotation.Autowired;
import org.springframework.stereotype.Controller;
import org.springframework.ui.Model;
import org.springframework.web.bind.annotation.RequestMapping;
import com.ssm.entity.MainModel;
import com.ssm.service.MainModelService;
import com.fasterxml.jackson.databind.ObjectMapper;

@Controller
public class IssUedOneController {
    @Autowired
    private MainModelService  mainModelService;

    @RequestMapping("/issuedmaterial")
    public String printOne(Model model,String para) throws IOException{
        // 启动 Socket 服务端
        StartServer startServer=new StartServer();
        startServer.start();
        // 获取数据
        List<MainModel> list = mainModelService.selectMainModel();
        ClientList clientList=new ClientList();
        // 筛选要打印的数据
        List<MainModel> listResult=new Arraylist< MainModel >();
        for (MainModel mainModel : list) {
            if (mainModel.getCo_no.equals(para)) {
                listResult.add(mainModel);
            }
        }
        // 将数据转换为 JSON
        ObjectMapper mapper=new ObjectMapper();
        String json=mapper.writeValueAsString(listResult);
        // 获取所有已经连接的客户端
        List<Socket> getList = clientList.getList();
        if (getList!=null)
        {
```

```
        for (Socket client:getList) {
            // 获取 Socket 的输出流,用来向客户端发送数据
            PrintStream out = new PrintStream(client.getOutputStream());
            out.print(json);
            out.flush();
        }
    }
    return "issuedsuccess";
    }
}
```

Socket 具有数据传输时间短、性能高等特点,非常适合 C/S 之间的信息实时交互,数据加密更是提高了数据的安全性。至此,Socket 内容讲解完毕,想要掌握网络编程的底层原理,还需要掌握一定的网络知识,在此不进行讲解。

在技能点的学习过程中,了解文件上传与下载,Socket 的基本理论,学习了其使用方法,接下来使用本章所学知识完成物料订单管理系统中主界面的打印功能。

1. 拓展业务需求

在物料订单打印模块中,需要将物料订单进行打印,当用户点击打印按钮,将当前列表中的数据以 Excel 的形式保存在指定的文档路径中并使用指定的文件名称,用户调用打印机将表格进行打印。

2. 主要代码

PrintOneController 类,代码如示例代码 8-24 所示。

```
示例代码 8-24

package com.ssm.controller;

import java.io.FileOutputStream;
import java.util.List;
import com.ssm.entity.MainModel;
import com.ssm.service.MainModelService;

@Controller
public class PrintOneController {
    @Autowired
```

```java
private MainModelService mainModelService;

@RequestMapping("/printmaterial")
public String printOne(Model model,String para){
    List<MainModel> list = mainModelService.selectMainModel();
    // 第一步,创建一个 webbook,对应一个 Excel 文件
    HSSFWorkbook wb = new HSSFWorkbook();
    // 第二步,在 webbook 中添加一个 sheet,对应 Excel 文件中的 sheet
    HSSFSheet sheet = wb.createSheet(" 物料信息表一 ");
    /* 第三步,在 sheet 中添加表头第 0 行,注意老版本 poi 对 Excel 的行数列数有限制 short */
    HSSFRow row = sheet.createRow((int) 0);
    // 第四步,创建单元格,并设置值表头 设置表头居中
    HSSFCellStyle style = wb.createCellStyle();
    style.setAlignment(HSSFCellStyle.ALIGN_CENTER); // 创建一个居中格式
    HSSFCell cell = row.createCell((short) 0);
    cell.setCellValue(" 序号 ");
    cell.setCellStyle(style);
    cell = row.createCell((short) 1);
    cell.setCellValue(" 车身号 ");
    cell.setCellStyle(style);
    cell = row.createCell((short) 2);
    cell.setCellValue(" 车型 ");
    cell.setCellStyle(style);
    cell = row.createCell((short) 3);
    cell.setCellValue(" 零件号 ");
    cell.setCellStyle(style);
    cell = row.createCell((short) 4);
    cell.setCellValue(" 数量 ");
    cell.setCellStyle(style);
    cell = row.createCell((short) 5);
    int i=0;
    for (MainModel mainModel : list) {
        if (mainModel.getCo_no.equals(para)) {
            i=i+1;
            row = sheet.createRow((int) i);
            row.createCell((short) 0).setCellValue((int) i);
            row.createCell((short) 1).setCellValue( mainModel.getCo_no());
```

```
                row.createCell((short) 2).setCellValue( mainModel.getAll_no());
                row.createCell((short) 3).setCellValue( mainModel.getBom_PN());
                row.createCell((short) 4).setCellValue((int) 1);

            }
        }
            try
            {
                FileOutputStream fout = new FileOutputStream("E:/打印信息/"+para+".xls");
                wb.write(fout);
                fout.close();
                System.out.println(" 成功 ");
            }
            catch (Exception e)
            {
                e.printStackTrace();
            }
            return "printsuccess";
        }
    }
```

3. 预期结果

编码工作结束后,完成物料排序单打印界面的手动打印功能,预期结果如图 8-7 至图 8-9 所示。

序号	物料名称	物料类型	数量
1	40靠背	70108015	1
2	后坐垫	70107957	1

图 8-7 需要打印的数据

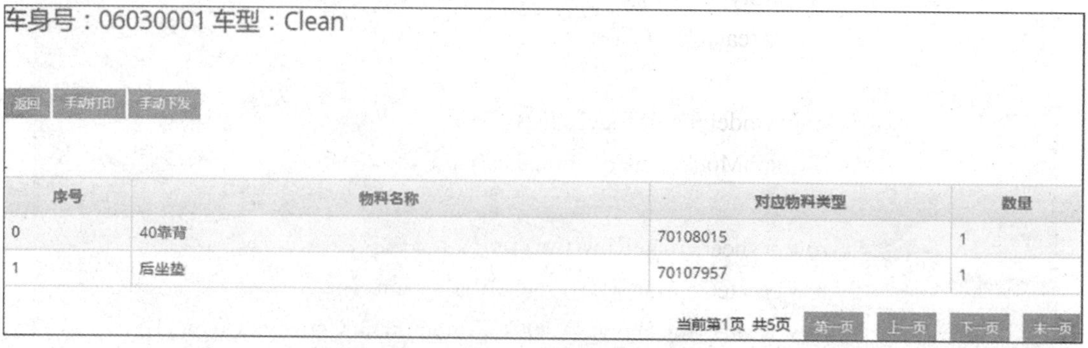

车身号:06030001 车型:Clean

返回 手动打印 手动下发

序号	物料名称	对应物料类型	数量
0	40靠背	70108015	1
1	后坐垫	70107957	1

当前第1页 共5页 第一页 上一页 下一页 末一页

图 8-8 打印后结果图

第八章　物料排序单打印和下发功能实现　　239

图 8-9　下发后结果图

充　电　站

初步了解编程语言后,如果你感兴趣并想深入学习成为一个好程序员,请扫描下方二维码,了解八个可实际操作的方法,带你体会程序员的趣味日常!

任　务　总　结

本章主要介绍了一些 Java 的拓展技能,包括文件的上传与下载、单点登录以及 Socket 技术等知识。并且使用 Socket 技术实现了物料订单管理系统的物料排序单打印界面的手动下发功能。